科学与中国

十年辉煌 光耀神州

信息科学技术集

白春礼 主编

图书在版编目(CIP)数据

科学与中国:十年辉煌 光耀神州(10集)/白春礼主编.—北京:北京大学出版社,2012.10

ISBN 978-7-301-21103-8

Ⅰ.科… Ⅱ.白… Ⅲ.①科技发展–成就–中国 ②技术革新–成就–中国 Ⅳ.① N12 ② F124.3

中国版本图书馆CIP数据核字(2012)第189567号

书　　　名:	科学与中国——十年辉煌 光耀神州(10集)
著作责任者:	白春礼　主编
丛 书 策 划:	周雁翎
丛 书 主 持:	陈　静
责 任 编 辑:	陈　静　李淑方　于　娜　郭　莉
	邹艳霞　刘　军　唐知涵　周雁翎
标 准 书 号:	ISBN 978-7-301-21103-8/G·3485
出 版 发 行:	北京大学出版社　新浪官方微博:@北京大学出版社
地　　　址:	北京市海淀区成府路205号　100871
网　　　址:	http://cbs.pku.edu.cn
电　　　话:	邮购部 62752015　发行部 62750672
	编辑部 62767857　出版部 62754962
电 子 信 箱:	zyl@pup.pku.edu.cn
印　刷　者:	北京中科印刷有限公司
经　销　者:	新华书店
	650毫米×980毫米　16开本　200印张　1690千字
	2012年10月第1版　2013年5月第2次印刷
定　　　价:	860.00元(10集)

未经许可,不得以任何方式复制或抄袭本书之部分或全部内容。
版权所有,侵权必究
举报电话: 010-62752024　电子信箱: fd@pup.pku.edu.cn

编委会名单

主 编　白春礼

委 员（以姓氏笔画为序）

　　　　王　宇　　王延觉　　石耀霖　　叶培建　　戎嘉余
　　　　朱　荻　　朱邦芬　　朱雪芬　　刘嘉麒　　安耀辉
　　　　孙德立　　李　灿　　吴一戎　　何积丰　　张　杰
　　　　张启发　　陈凯先　　陈建生　　周其凤　　南策文
　　　　侯凡凡　　郭光灿　　曹效业　　康　乐

秘书处

　　　　周德进　　王敬泽　　刘春杰　　曾建立　　李　楠
　　　　邱成利　　刘　静　　李　芳　　欧建成　　丁　颖
　　　　赵　军　　谢光锋　　林宏侠　　马新勇　　申倚敏
　　　　张家元　　傅　敏　　向　岚　　高洁雯

序　言

十年前，由中国科学院牵头策划，并联合中共中央宣传部、教育部、科学技术部、中国工程院和中国科学技术协会共同主办的"科学与中国"院士专家巡讲活动拉开了帷幕。这项活动历经十载，作为我国的一项高端科普品牌活动，得到了广大院士和专家的积极响应，以及社会公众的广泛支持和热烈欢迎。十年来，巡讲团举办科普报告800余场，涉及科技发展历史回顾、科技前沿热点探讨、科学伦理道德建设、科技促进经济发展、科技推动社会进步等五个方面，取得了良好的社会反响，在弘扬科学精神、普及科学知识、传播科学思想、倡导科学方法等方面作出了突出的贡献。

"科学与中国"院士专家巡讲团由一大批著名科学家组成，阵容强大，演讲内容除涉及自然科学领域外，还触及科学与经济、社会发展等人文领域，重点针对"气候与环境"、"战略性新兴产业"、"科学伦理道德"、"振兴老工业基地"、"疾病传染与保健"等社会关注的焦点问题和世界科技热点,精心安排全国各地的主题巡讲活动。同时,该活动还结合学部咨询研究和地方科技服务等工作开展调查研究,扩大巡讲实效。近年来,巡讲团针对不同人群的需要,创新开展活动的组织形式,分别在科技馆和党校开辟了面向社会公众和公务员的"科学讲坛"科普阵地,举办了资深院士与中小学生"面对面"对话交流活动。这些活动的实施在激励青少年学生成长成才和献身科学事业、培养广大领导干部科学思维与科学决策、引导社会公众全面正确认识科学技术等方面都起到了积极作用。如今,"科学与中国"院士专家巡讲活动已经成为我国高层次的科学文化传播活动,是科学家与公众的交流桥梁,是科学真谛与求知欲望紧密联结的纽带,是传播科学的火种。

科技创新,关键在人才,基础在教育。进入21世纪以来,世界科技发展势头更加迅猛,不断孕育出新的重大突破,为人类社会的发展勾勒出新的前景,世界政治、经济和安全格局正在发生重大变化。随着人类文明在全球化、信息化方面的进一

序言

步发展，国家间综合国力的竞争聚焦于科技创新和科技制高点的竞争，竞争的重点在人才，基础在教育。胡锦涛同志在2006年全国科学技术大会上曾经指出，要"创造良好环境，培养造就富有创新精神的人才队伍"。是否能源源不断地培养出大批高素质拔尖创新人才，直接关系到我国科技事业的前途和国家、民族的命运。由于历史的原因，作为一个人口大国，我国公众整体科学素养水平相对较低，此外，由于经济、社会发展不均衡，公众科学素养存在很大的城乡差别、地区差别、职业差别。所以，我国的科普工作作为公众科学教育的重要环节，面临着更加复杂的环境。中国科学院应当充分发挥自身的资源优势，动员和组织广大院士和科技专家以多种形式宣传科技知识，传播科学理念，积极开展科普活动，把传播知识放在与转移技术同样重要的位置，为培育高素质创新人才创造良好的环境条件并作出应有的贡献。

中国科学院学部联合社会力量共同开展高端科普工作的积极意义，不仅在于让公众了解自然科学知识，更在于提高公众对前沿科技的把握，特别是加深其对科学研究本身的思想、方法、精神、价值、准则的理解,这是对大中小学课程和社会公众再教育的重要补充。只有让公众理解科学,才能聚集宏大的人才队伍投身于科技创新事业,才能迸发持续不断的创新源泉,凝结为创新成果。

我们向社会公开出版院士专家的演讲报告文集,希望读者能够通过仔细阅读,深度体会科学家们的科学思想和科学方法,感受质疑、批判等科学精神和科学态度,理解科技的道德和伦理准则,把握先进文化和人类文明的发展方向,并在实际工作和社会生活中切实加以体会和运用。这也是中国科学院学部科学引导公众、支撑国家科学发展的职责之所在。

是为序。

2012年春

目 录

李衍达：信息科技和信息时代 / 1

邬贺铨：通信技术的换代发展与新的应用 / 43

陈俊亮：下一代网络 / 87

李德仁：广义空间信息网格和狭义空间信息网格 / 105

简水生：时代呼唤信息安全网和廉价高效的光伏电池 / 133

柴天佑：企业信息化 / 151

吴　澄：信息技术与企业竞争力 / 187

王阳元：从消费大国到产业强国 / 207

李德仁：数字地球与"三S"技术 / 235

戴汝为：多学科交叉发展与融合推动社会进步 / 261

周兴铭：信息技术与国家发展 / 277

信息科技和信息时代

李衍达

一、信息的特征
二、信息科技的主要内容
三、信息技术革命
四、信息技术的应用和展望
五、虚拟制造技术
六、信息科技对人类社会的影响
七、信息社会是人类社会发展的必然阶段

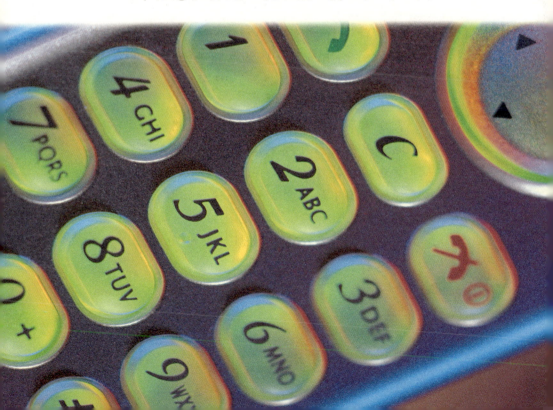

【作者简介】 李衍达，信号处理与智能控制专家。原籍广东南海，生于广东东莞。1959年毕业于清华大学自动控制系。清华大学教授。1991年当选为中国科学院学部委员(今称院士)。

　　长期从事信号处理理论方法及应用的研究，特别是地震勘探数据处理方法的研究。近年来，主要从事智能信息处理方法与系统研究，以及其在信息网络智能控制中的应用；研究高速网络环境下信息的发掘、提取与多媒体数据的压缩和组织，以及工业生产过程及设备的智能控制。此外，还致力于生物信息学的研究、将复杂系统的信息处理方法应用在分子生物学中；在基因组序列的信息结构研究,基因调控网络的建模和仿真等方面的研究中也取得了新成果。

互联网分布的视觉图

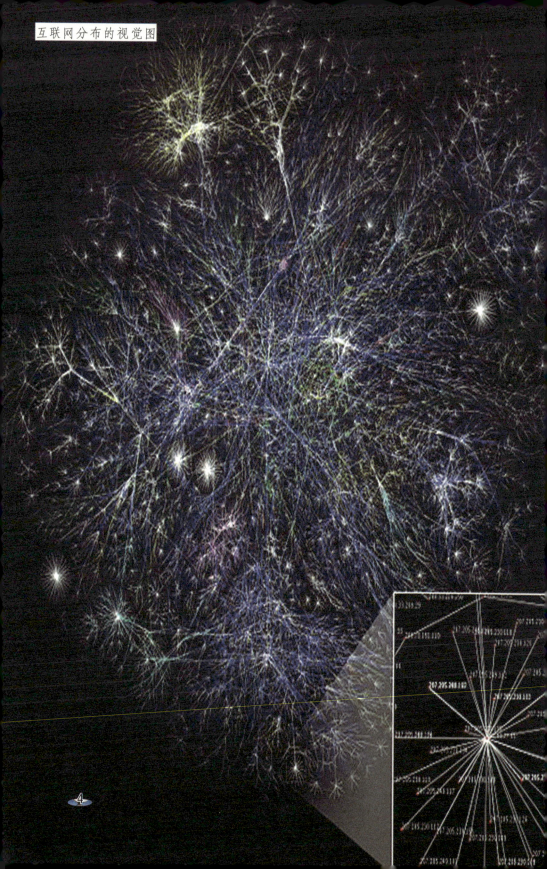

信息科技和信息时代

大家知道,我们现在面临一个信息时代,通常一种事物之所以能够形成一个时代,必然是因为这种事物具有非常重要的作用。那么,为什么可以形成信息时代呢?为什么信息科学和技术有这么重要的意义和作用呢?我们首先要了解一下,为什么信息科学技术对时代产生这么重要的影响。

◆ 一、信息的特征

为了了解信息科学技术的作用,我们首先要知道什么是信息,它有什么特点。如果从信息的客观属性来讲,可以说信息是事物运动状态和特征的一种反映。现在有人把信息、材料和能源称之为构成社会的三个要素。既然是三个要素,那信息和构成材料的物质及构成能源的能量有什么不同呢?我们可以列出来一系列的特点:第一,信息可以大量地复制,可是能源就不行。比如说石油,你就不能大量地复制,如果可以这样的话,那能源的问题就很容易解决,可是信息不一样,可以很容易地复制;第二,信息的利用不会产生损耗。如果我们用煤炭,你烧了以后,煤炭就消耗掉了;如果你使用钢铁,过了一段,这个物质也会慢慢地锈蚀掉,但是信息的利用不会,你用这条信息,可以多次使用,都不会产生损耗,这是很奇怪的一种性质;第三,信息可以脱离它所反

信息科学技术集

映的事物,被保存和传播。正是因为这个特点,才使得我们对很多事情可以很深入地了解。比方说一些生物已经灭绝了,但是在它们灭绝以前你可以把这个生物完整的形态录下来、保存下来,这样我们就可以看到灭绝的生物的形态,这就是信息脱离它所反映的事物而被保存、被传播。再比如,我们人类可以在地球上看到火星的表面,这是为什么呢?因为我们通过宇宙飞船到了火星表面,再把信息传回来,所以我们人类就可以了解到遥远的火星、月球的情况。因此,信息可以脱离被它反映的事物保存下来,并且可以传播出去,这也是很有意思的一种性质。

　　还有更重要的一点是,信息更能反映事物的内在规律,这一点往往是很多人所认识不到的。比方说我们了解到地球围绕太阳旋转的数据和地球围绕太阳变化的一些信息,我们就可以计算出地球的公转和自转的规律。规律性的东西可以从信息中获取并进一步经过处理而获得事物内在的规律,这一点对我们了解事物来说是至关紧要的。因此你如果不了解这个事物的信息,就很难了解这个事物运动的规律。还有一个非常有意思的性质,就是信息可以不断地增长,但是石油就不成。所以现在很多人担心,若干年以后石油用光了怎么办?可是从来没有人担心过信息用光了怎么办。为什么信息可以不断地增长呢?那是因为所有的事物都在不断

信息科技和信息时代

地运动,它的运动特征也在不断地有所反映,所以信息是不断地在增长的。更有一点,是信息的普遍性,也就是说所有的事物都有信息。因为所有的事物都有特征,都有它的运动的表现,所以这一点说明信息是非常普遍的。各行各业都有信息,没有哪一个行业说我没有信息,这也证实了信息的普遍性。

所以大家可以看到信息的确和物质、能源不一样,信息有它非常特殊的性质,而其性质正是信息之所以给我们时代、给我们人类社会形成重大影响的原因。其实,人类的文明、人类社会的发展,包括人脑的进化跟信息的交流都有着非常密切的关系,这就说明信息的发展、信息的交流与我们的时代以及我们人类的关系有多么重要。

接下来让我们看看,人类的语言是做什么用的?语言的主要作用就是交流信息,因为语言的出现才使人脑的进化取得了飞快的发展,所以信息的交流对人脑的进化来说非常重要。大家知道我们中国古代的几大发明之一——印刷术,自从出现了印刷术,信息的积累、记载和传播大大地加快了。印刷术的出现使得社会的文明得到了非常大的进步,而近代电话、电视的出现更是推动社会和科技发展的一个重要因素。现在大家都离不开手机了,家家也离不开电视了,那么手机、电视有什么用呢?主要的作用就是交流信息。所以时代的发展可以使我们非常清晰地看到人类文明的进步、社会的发展,包括人自身的进化都与信息的交流、信息的处理有着密切的关系。

其实,还有一点很多人容易忽略,我们从美国数学家维纳的著作里面发现了一个很有意思的问题。维纳主要的工作是研究控制论,所谓控制论就是研究一个系统内部怎么样受到控制而表现出来的性能。他说一个系统的控制主要是反馈的作用,正因为有了反馈,系统才产生了很好的控制作用。那么是什么反馈呢?不是别的,是信息的反馈,正是因为有了信息的反馈,才使得系统的控制作用产生了影响。经过维纳的研究,我们可以得到一个非常重要的结论,即一个系统的控制性能主要取决于这个系统内部的信息系统,也就是说一个系统性能好坏主要取决于这个系统内部的信息流动和信息处理情况。如果这个系统内部信息流动非常通畅,处理得非常好,那么这个系统的性能,以及控制这个系统的性能就得到了大大的改善。

这个问题看起来好像是一个学术问题,但是大家要注意到维纳所说的系统是一个很宽泛的定义。一个企业可以看做是一个系统,一个社会也可以看做是一个系统,而一个人也可以是一个系统,如果了解到这个系统的广泛含义,我们就可以了解到这个结论的重要性。大家知道一个企业希望运行得非常好,也就是说这个系统的性能要达到很好,应该靠什么呢?是靠这个系统的材料吗?是靠这个系统的能量吗?维纳的结论是否定的,他认为主要性能取决于这个系统内部的信息流、系统内部的信息系统的工作状况,所以大家可以了解到信息的交流对一个系统的性能来说是多么重要。如果我们把这个事情想得更开阔一点,你就可以了解到,为什么信息的交流对社会的发展、对人脑的发展是如此重要。同样的,你也可以了解到所有系统中信息的交流对这个系统来说起了主要的决定作用。所以理解维纳控制论的结论对我们理解信息的交流和我们人类社会的发展,甚至我们遇到的各种各样的事物都起着非常关键的作用。

  还有一点,可能大家也不太注意,也是维纳提出的。维纳发现人脑和计算机的组成是类似的,人脑的神经元有两个主要作用:一个是兴奋,一个是抑制;而计算机的元件的作用也是两个:一个是通,一个是不通。人的神经元,通过兴奋和抑制互相连接产生了智能,而计算机也通过元件的通和不通相互连接,来产生计算机的各种作用。当然计算机可以模仿智能,这是大家都知道的,计算机可以下棋、算题、做各种各样模拟人类智能的工作。那么计算机和人脑之间作用的相似点在什么地方呢?维纳的结论是,它们都是处理信息的。计算机是处理信息的,人脑也是,因此处理信息,对于人脑和计算机来说都是一个核心问题。大家知道智力是由人脑发

展出来的,既然智力的发展和信息处理密切相关,那么我们很容易就理解到智力的成果——人类的科学技术——必然和信息的交流、信息的处理有密切的关系。所以根据维纳所发现的人脑的作用是处理信息这一观点,我们进一步了解到人类的科技和信息的交流、社会的内部信息的处理密切相关,也就是智力的发展和信息有着密切的关系。这些都是为什么信息可以对我们社会形成重要的影响,形成一个时代很重要的内在因素的原因。

  根据这个叙述,我们就可以了解到社会的发展进程。最早大家知道,社会的发展是从农业社会到工业社会,发展农业就要靠土地,要开发土地,还要靠资源,进而要开矿、要获取各种各样的原材料,所以社会发展最早是依赖材料、依赖于自然资源的。后来随着工业的发展,光有矿产和材料已经不够,还需要有对材料的强大的加工能力,靠能量,靠能源,靠发电厂,靠动力机械,所以社会的进一步发展,除了依赖自然资源以外,还要依赖能源,开发石油、开发核电,也就成为社会发展的很重要的动力。但是,社会再进一步发展,大家可以清晰地看到除了依赖资源和能源以外,更重要的是依赖科技。科技发展对于社会的发展来说,成了至为关键的因素,随着社会的发展,大家可以看到科技的影响越来越大。

  因此我们可以看到社会发展的一个轨迹:从农业社

信息科技和信息时代

会、工业社会,到依赖科技的一个时代,这个时代其实就是信息时代。那么,为什么依赖科技的时代就会跟信息时代联系起来呢?其深层次的原因就在于科技的发展主要依赖于信息的交流和处理上。我们可以看到一个轨迹,农业社会依赖的农业,其基础设施是它的水力网、灌溉网,而到了工业社会,它要大规模地进行工业生产,大规模地搬运材料就要大规模地利用能源,所以工业社会的基础设施就变成了铁路网、公路网、电力网。而到了信息时代,它的基础设施又是什么呢?就是信息网。大家都知道现在的互联网,也被称为"信息高速公路"。高速公路本来就是工业社会的基础设施,那么"信息高速公路"一说也表明了这是信息时代的一种基础设施。因此我们从信息的特征、信息对人类的影响上可以了解到为什么人类社会从工业进入到科技,进而进入到了我们的信息时代。

那么,到底信息科学和技术做的是什么工作呢?主要开展的是哪个领域的研究呢?什么是信息科技的主要内容呢?关于这一点,我要进一步地跟大家说明,同时还要说明的一点是如果没有过去50多年发生的信息技术革命,我们也不会感受到信息科学技术对每一个人的影响,我们也不可能进入到信息时代。也就是说,正因为在过去的50多年里,发生了翻天覆地的信息技术革命,才使得我们人类社会有可能进入到一个信息时代。

信息科学技术集

二、信息科技的主要内容

信息科学和技术的主要工作内容用一句话来概括，就是信息的获取、信息的传输、信息的处理和信息的应用。

首先，信息的获取是指什么方面呢？它牵涉的领域是传感器和检测技术，传感器和检测技术就是用来获取信息的。比如说人类发射卫星，应用遥感仪器，从卫星上可以接收到地球上的各种各样的信息；再比如气象卫星，它可以把云的变化——云图发射回来，这就是获取信息；我们发射的宇宙飞船，用摄影机拍下来的照片也是一种获取信息。这就是传感和检测。所以传感和检测技术是第一关，是获取我们周围信息的途径。当然这个还有很多很多的种类，不仅仅只限于刚才我说的遥感或者卫星。你拍的相片是获取信息，你手里面拿着的温度计，测量温度也是获取信息。各种各样的检测元件和检测技术都能够使我们感知周围的信息，而只有获取到信息，我们才能够对信息进行处理。当然更多的，你比如说打电话接收你话音的也是一种传感器，能获取你语音的信息。综上所述，这些就是信息科学技术工作的头一步，信息的获取。

第二步是信息的传输，即把你要用的东西传出去。

这主要是靠信息网络,或者简单点来说就是通信。通信的含义原来主要是打电话、打电报。大家知道通信网现在已经很发达了,每个人都离不开电话,甚至很多人天天都要用手机,这就是通信的作用。当然现在的通信已不仅仅是打电话了,还可以传数据、传图像、传各种各样的相关内容。所以事实上,这个通信你可以进一步扩大成一个信息网络,它的作用就是传输,把信息从一端送到另外一端去。所以第二个内容是信息网络的通信。

第三步就是信息的处理。信息的处理,现在大多数都是利用计算机,或者是说利用电子技术。那么,计算机是由什么组成的呢?是由微电子芯片组成的。所以微电子技术或者说芯片技术也成为信息技术的一个重要内容,当然除此之外,还有光电子技术和光学技术。大家知道,现代的通信都离不开光纤,所以光纤通信、激光通信也就成为很重要的信息处理技术以及传输技术的一个重要方面,因此说信息科技也包含光电子技术,包括光学的信息处理技术。当然信息处理的核心是计算机,那么由芯片组成的计算机就成为我们信息技术里面的一个核心内容。讲到信息技术的应用,很重要的就是自动化技术。所谓自动化包括设备的自动化、工厂的自动化,也包括机器人,以及各种各样设施的自动化。自动化实际上把信息处理的结果应用于不同的设备、不同的环境、不同的场合中,因此自动化技术成为我们信

信息科学技术集

息技术的一个很重要的方面。另外,它有执行机构和控制机构,能达到系统性能的最优,因此它属于信息应用的方面。

当然,这些领域正处在发展时期。大家可以看到,除了我提到的这些主要领域以外,信息科学技术的内容还在不断地扩展,所以还有其他方面的内容。

三、信息技术革命

我们往往只知道信息科技的内容,而不知道近50年世界上发生了翻天覆地的信息技术革命,如果不知道这一点,我们就不太能够理解为什么信息科技对所有人都产生那么大的影响。其实,近50年世界上发生的很多的变化中,跟每个人都有关系的变化就是信息技术革命。所谓革命就是某种技术在一段时间内出现了非常大的飞跃,以至于可以称之为革命。那么信息技术革命呢,的确是非常大的飞跃,它的影响非常深远,以致我们每个人都能感受到。那么信息技术革命应该怎么来感受它呢?我把它的几个方面给大家举一些例子,大家就可以理解了。

过去50年发生了一场微电子技术的革命。大家知道计算机是由微电子芯片所组成的,而微电子芯片依靠的是微电子技术。微电子技术出现以来,在这个领域里

信息科技和信息时代

边有一个人叫摩尔的美国人,他总结出了微电子发展的一条规律,他说:"微电子芯片所组成的处理器,它的功能和它的复杂程度每18个月就会增加一倍,而处理器的成本随着它的复杂性和功能的增加却成比例地下降。"这个摩尔定律很有意思,而且一直到现在摩尔定律仍然成立。这个是什么意思呢?就是说每18个月它的功能就增加一倍,或者说它的复杂度、集成度、密集度增加一倍,如果一直这么下去,那可不得了。大家计算一下,十几年,二十年,三十年这么发展,每18个月就增加一倍,其结果是什么呢?我们会发现微电子芯片的集成度可以成千万倍地提高,它的工作速度也可以提高千万倍,而它的每个功能单元的价格却降低到千万分之一。

  这可是一个了不得的大事情,摩尔定律说明了微电子技术的确发生了翻天覆地的变化。这个变化大家可能感受不到,但我们这些从事信息处理的人就能非常明显地感受到,所以大家知道为什么现在计算机的价格不断地下降,而计算机的性能却在不断地提高,其背后的原因就是摩尔定律仍然在起作用。摩尔定律产生了什么结果呢?那就是计算机的体积极大地下降。世界上首台计算机大概有足球场那么大,得用好几个大衣柜再加上好几个房间的蓄电池才能维持一台计算机的工作,所以第一台计算机只能科学家用,普通人用不起买不起,也装不起。而到现在,大家看到计算机的体积越来越小，从足球场、大衣柜缩到现在放到手掌上。这就是摩尔定律起的作用，这就是个翻天覆地的变化。第二个，价格大大下降，我做学生的时候，计算机的单元、晶体管几块钱一个，而现在一个芯片上有千万个晶体管才几十块钱，一个晶体管的钱你用一分钱算是0.0000……多少0后面的一分钱，它的价格下降到千万分之一。过去一台计算机，我相信只有大的国家单位才能买得起，现在任何一个家庭，几千块钱你就可以买到。这些都是什么在起作用呢？就是摩尔定律。再一个，现在虽然体积下降、价格下降，但它的性能却在不断提高，一个小小的PC机，它的性能就相当于过去一台大型机的性能。为什么会这样呢？也是因为摩尔定律的缘故。因此摩尔定律可以说是一场微电子技术的革命。

  第二个革命叫做数字革命，这个对一些人来说也许感到比较陌生。数字革命形象一点来讲是什么呢？大家知道我们很多的事物都是连续性的，比如说云、脸都是连续变化的。美国有个叫香农的科学家，他提出来个采样的定理，就是说对于一个连续的东西，你只要按一定的频率给它按点来进行采样，也就是说你把连续的东西变成一个个、一系列的数码，如果你的频率取得合适的话，那么一系列的连续的数码就完全可以表示这样一个连续变化的事物。也就是说一串数字通过采样定理以后可以表示连续变化的事物。所以大家可以理解了，

信息科技和信息时代

为什么计算机处理数字就处理了连续变化的事物。你看看,声音是连续变化的,计算机可以处理声音;音乐是连续变化的,计算机也可以做;很多的影像是连续变化的,我们看到的很多东西都是连续变化的,数字就可以代表它,就可以处理这些东西了。所以,采样定理的一个主要的内容就是用数字可以表示连续变化的东西。

第二种原理是编码原理。有些不是连续的东西,比如说文字,能不能也用数字表示呢?可以的,你把文字编码。一个"人"字,你可以用一串的数码来表示它,所以通过编码以后,文字也可以用数字来表示。那么大家就可以想了,好多内容不是连续的就是离散的,不是数码就是文字。现在,通过这个采样定理、编码定理发现数字都可以表示而且用两个就可以,任何的数字只用0和1给它编起来,就可以表示任意的数字,进而你就知道,只要用0和1就可以表示我们现在所知道的任意的事物。这样的话,大家就可以理解了,原来声音是可以用数字来表示的,原来图像、图片也是可以用数字来表示的,原来你写的文本,你写的书是可以用数字来表示的,原来你的电影都是可以用数字来表示的。这就出现一个很有意思的问题,用数字可以表示我们所获取的各种各样的信息。而数字表示又有什么样的好处呢?原来数字表示通过计算机的储藏能力,对这些数字进行处理,就可以达到改善和提高它的性能。比如说我可以进行加密，也可以把数据进行压缩，用很少量的数来表示很长的数；我也可以对它进行过滤，进行各种各样的高速处理，提高表示事物的性能。所以大家就可以明白，为什么数字电视机可以比普通的电视机有更高的清晰度。为什么数码相机拍出来的东西通过处理以后比原来的更清晰。这是因为通过数字处理可以提高性能，因此从数字革命我们就可以理解原来很多的事物都是可以通过数字计算机的处理来进行变化的。由此发展下去，今后也会有很多事物会出现彻底的改变。比如广播将会变成数字广播，电影变成数字电影，电视变成数字电视，相机原来是胶卷的变成数码相机等等，这是数字革命，整个数字革命引起了很多事物产生了系列的变化。同样你还可以设想，博物馆很可能将来变成数字博物馆，所有博物馆的东西都是用数码给它存放起来以便进行很好的处理，图书馆要变成数字图书馆，等等。这就是数字革命带来的另外一大影响。

接下来，我们谈谈第三个方面，信息技术革命带来的影响——光纤通信。大家知道，原来我们的电话网是电线和电缆的，后来有人发明了光纤，用一根光纤玻璃线代替电缆，结果发现光纤的频带非常非常宽，传输的信息跟频带成正比，频带也比电缆的频带宽了不知多少。有人打了一个比喻，如果说一对电缆的频带像一根针那么宽的话，那么一根光纤的频带就相当于天安门广

信息科技和信息时代

场那么宽。所以虽然看起来是个小小的变化,用光缆代替了电缆,可是它传输的电话的路数就不知道多到哪里去了,有了极大的扩展。

光纤本身是玻璃丝,成本并不高,所以我们经常看到有些光纤的周围竖一个牌子说,光缆不值钱,你不要去挖,因为你想去挖电缆,挖出来的也是个光缆,卖不出去。光缆成本并不高,但是它传输的带宽非同小可。正因为它有这样的传输带宽,所以使得我们通信的带宽,也就是通信的路数在不断地增加。有人总结出一条新的规律,就是光纤通信的带宽9个月翻一番,比摩尔定律更厉害,9个月带宽就可以扩展一倍。带宽越来越高,所以通信的路数不断地增加,其通信的成本当然也就要下来。当然通信并不完全是依靠光缆,它还有很多中间的路由器和各种各样的通信设备。但是光缆本身使得通信费用有了极大的下降,大家可以体会到为什么现在打电话越来越便宜了,原来打长途很多人打不起,现在打长途电话聊天都无所谓,原因就是带宽在扩展,通信成本大大下降了。

那么,把这些加起来大家可以想象一下,微电子技术使得计算机又小又便宜,使大家用得起了,数字革命使得我们接触到了各种各样的东西都可以用计算机来处理了,光缆的发展使得计算机之间通信方便,容易获取信息了。而各种各样科研的行业,各种各样的领域都

信息科学技术集

有信息，都可以处理信息，这是因为信息的通用性，具有的基础性，所有事物都有信息，而所有事物信息的处理对这个事物的性能的改善都具有重要的作用。那么现在，我们具备了处理信息的工具和所需要的手段了。它的价格又便宜到家庭用得起了，所以信息技术革命产生了两重含义：第一重含义使得很多的信息处理都可以用数字来进行；第二重含义使得普通的人、普通的家庭都可以用得起信息，通用性、普及性加在一起使得信息科技进入到了家庭、行业甚至全社会，从而产生了意想不到的社会影响，这才是产生一个信息时代的最基本的原理。

我们刚才讲到这场信息技术革命，由于信息的通用性和基础性与信息技术革命加在一起导致的普及性，才使得形成了一个信息时代。当然这场革命仍然在继续，信息技术革命也没有停止，摩尔定律也仍然在继续，但是这场革命所带来的技术上的潜力还远远没有发挥出来，也就是说信息技术革命所给人类带来的这种利益还远远没有被充分利用。信息技术革命的作用正在逐渐地被大家所认识，它对我们的社会，我们的经济，我们的文明产生着越来越大的影响，越来越多的人将会感受到这场信息技术革命带来的变化。

信息科技和信息时代

四、信息技术的应用和展望

刚才我们已经讲过了信息科技的内容和信息技术革命的内容，下面我给大家举一些例子，以使大家对信息科学技术有一个更加具体的印象。

首先我要讲的是片上系统。微电子技术就是把整个电子电路都集成，都缩放在一个芯片上，也就是我们说的集成芯片（IC）。但是集成芯片再往上发展会是什么状况呢？就是片上系统。就是不仅把电路，计算机的电路放在芯片上，还把传感器也放在芯片上，把各种电路都放在一起，包括它的执行部分，执行的机构。比如说机械部分，它最后要用一个马达来执行的，这些部分给它放在片上，整个系统都组成在一个片上，我们就把它称作片上系统，这是微电子技术正在发展的一个重要方向。现在有两种叫法，一种叫微机电系统，"微"就是小，"机"就是机械，"电"就是电路，机械和电子联合组成一个系统都放在一个片上就叫微机电系统，也有人连光、光路、光学也放进去的，叫做微光机电系统。

下面我们看一些例子，比如说微机械和小马达，如图1。图中的这些都是机械的东西，我给它弄得非常小，做在硅片上。图1A是1990年的时候研制出来的一个微马达，直径是100微米，很小；图1B是晃动马达，转子的

信息科学技术集

A. 1990年研制的硅静电马达：转子直径100微米，1400转/分。集成了光电接收电路，因而可用做微斩光器、微光开关

B. 硅晃动马达：转子直径120微米，0~1000转/分，连续可调

C. 加速度计：0~100×重力加速度，可用于汽车安全气囊等

▲ 图1　各种小马达

直径是120微米，可以转到1000转/分钟，把这些机械的东西集成到芯片上去，这样这个芯片就可以做执行机构了；图1C是用小马达做的很小的加速度计。这种加速度计将来可以应用到汽车的安全气囊。

再说回来，我们还可以把很小的东西放在芯片上，大家知道，现在汽车的芯片也非常多，那么片上系统就可以做更多的事情。比如说，你可以把微流泵装在一个芯片上（见图2），你也可以把生物检测的内容，比如说DNA的检测、蛋白质的检测也放在芯片上（见图3）。比如图3A就是用电磁的方法来检测DNA的，叫电磁生物芯片；图3B是用电阻的办法来检测DNA的，叫压阻生物芯片；图3C是用电离的办法来检测细胞的，叫做细胞的电离检测芯片。这些东西本来都是一个执行器械，你可以把它放在硅片上，然后再跟芯片联系在一起组成一个

信息科技和信息时代

硅微流时泵结构示意图

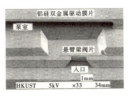

硅微流量泵截面SEM照片（入口阀门一侧）

硅微流量泵：体积4×4×1立方毫米，流量45微升，背压1.1米水柱。可用于生物工程、理化分析和医疗等领域

▲ 图2　硅微流量泵

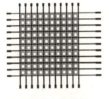

A. 电磁生物芯片：含微电磁阵列，可单点选通，用做DNA探针，在磁场下与DNA分子杂交

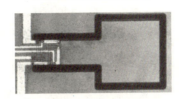

B. 压阻生物芯片：悬臂梁结构，自由端变形产生压阻信号来探测DNA特性

C. 细胞介电分离芯片：电极阵列，利用介电极化，在电场下运动的电泳原理分离细胞

▲ 图3　各种芯片

系统，这个系统不仅可以检测，还可以计算、执行，组成一个片上系统。

　　我们再讲第二个例子：通信。大家现在通信都用手机了，通信很可能从第二代的通信发展到第三代，那么它的发展在什么地方呢？我们来看图4，大家可以看到，原来第二代手机传送的是一个图片，静止的，但是到第三代就很可能是运动图像了，将来看奥运会的话，运动

信息科学技术集

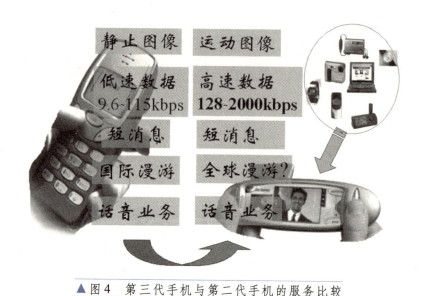

▲ 图4　第三代手机与第二代手机的服务比较

员的整个运动状况都可以通过手机来传送；还有一个原来传送的数据是低速的，现在，到了第三代要传送高速数据。所以，通信也正在发展，从第二代通信系统发展到第三代通信系统，而其特征，就是它要传送的内容和速度大大地提高。

不仅是这样，通信还有新的发展，比如说正在发展的短距无线连接通信。大家知道，你现在打电话如果不是用手机的话，你底下还拖着个尾巴，还拖着根电线，你要是用计算机，就还要插一个电缆。现在，用短距离的无线连接，你的手机、打印机以及笔记本、鼠标，包括你的耳机，通通都不要电线连接（见图5），只要短距离的，大概是几十米的范围以内，人们就可以拿着各种设备随

信息科技和信息时代

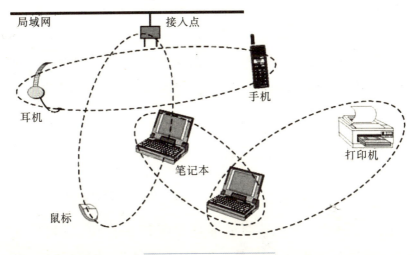

▲ 图5　短距无线连接

意地移动,从电缆中解放出来了,目前还正在发展一种叫做短距无线连接,使得我们设备的使用和通信更加方便。那么大家就可以设想了,第三代之后会怎么样呢?现在已经有人正在构想新一代的无线通信,通过短距离的连接,再通过中间的一个多媒体的接入网把所有的设备都用无线自由地、高速地连接起来,这样的话,我们社会就都由一个通信网络来做,会更加方便,会做到不管你在什么地方,不管你移动还是静止,你传送的内容都是很便捷的,而且质量都很高。

当然,互联网也跟无线技术结合起来,发展成无线互联网。大家知道,上网通过计算机,通过电缆联过去,那么现在,由于无线技术的发展,大家就可以想象,无线互联网会给大家带来更多的方便。

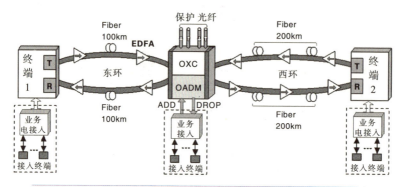

▲ 图6　高速宽带密集波分复用(DWDM)光纤网络规划图

在日本,无线互联的业务发展得非常快,我相信在中国也会按照这个方向来发展的,将会给我们带来更大的便利。

同时,光通信也在发展,新一代的光通信叫做密集波分复用的光通信,是一种新的技术,也叫DWDM(见图6)。

图7展示的是清华大学研制的DWDM,这是研究它的一套设备,我们用这种技术以后,会使得光通信的频带、通信的路数大大地扩展,这说明新一代光通信正在发展。

图8是在清华大学、北京大学和中国科学院之间用上面提到的新型通信技术联起来的一个网络,这个网络正在运转,清华大学本身也用新一代的光通信技术把主楼连接了起来。当然,新一代的光通信还有新的发展,因为所有的线路都要互联,都要交叉互联,以前都是用

信息科技和信息时代

▲ 图7　清华大学研制的DWDM

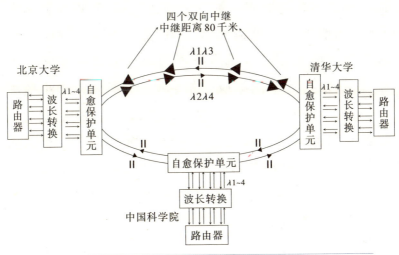

▲ 图8　清华大学、北京大学和中国科学院之间的新型网络

信息科学技术集

电的方法连接。

现在,用光的办法连接叫做光交叉互联。它有什么好处呢?它的好处是连接的速度更快。交叉连接的技术我们也正在研究,这个也可能很快得到应用,这样会给通信带来很大的好处。

其实,现在信息技术还有很多新的研究增长点,这些生长点都非常有意思,也都在进行研究。比如说现在正在研究的面向内容的信息处理技术,什么叫"面向内容"呢?首先,我们很多的东西都是要了解它的内容,比如说,一篇文章,不仅是要处理这个文字,更重要的是要获取这篇文章的内容;一个影片,关心的也是它的内容,而不是关心它的形式。举一个通俗的例子,现在很多人上网,就怕小孩上色情网站,其实怎么来辨别这个网站是不是色情的呢?这就牵扯到内容。如果你了解了内容,你就知道这个网站应该给它关掉,不应该让小孩去访问,如果你不了解,光是看它形式,有时候一个现代化的画展你也可能会认为它有问题。所以怎么样找到面向内容的信息处理技术是个很重要的,但是也是很有意思的问题,它使得我们对信息的掌握更加深刻。

第二个发展技术叫纳电子学,纳是指纳米的意思。大家知道微米是一个尺度,微电子学是进入到微米尺度的科学,纳比微还小1000倍,其对应的科学技术叫纳米技术,也就是说微电子学还要向更细的方向发展,发展

信息科技和信息时代

到纳米。纳电子学涉及尺度更小以后,很可能出现一些新的原理和性能,这些我们正在研究,还有我们整个电子学的革命,原来是微电子技术革命,现在很可能进展到纳电子技术革命,这将翻开技术革命的新一页。当然,在通信或计算上现在也正在发展量子通信。所谓量子通信就是利用量子性质,当事物发展到量子尺度,它就会有新的性质出来。利用量子这个性质来进行通信,进行计算,这也是当前发展的一个新的方向。还有,比如把信息技术或生命科学和生物结合起来,发展出的生物计算和生物信息学。

所以信息技术经历了一场伟大的信息技术革命,而且还将生长出很多非常重要的技术生长点,这些技术生长点,可能是我们在新世纪里所面临的首先要处理的一些重要内容。

五、虚拟制造技术

到底信息技术对我们会有什么作用呢?我们可以利用一种叫做虚拟制造的技术。

大家知道,既然用数字可以表示很多东西,那么机器零件当然也可以用数字来表示,因此你可以通过计算机来设计零件、分析零件、装配零件;也可以通过计算机来预测这个零件将来使用的情况会怎么样;当然你还可

信息科学技术集

以通过计算机根据你分析的情况来进行优化、改进这个零件的设计。所有的这些东西,你都可以用计算机来进行。

这有什么好处呢?大家知道以前零件制造都是先由工程师设计了图纸,然后按照图纸制造工艺装备,然后再通过工人在车间来进行生产,生产完了再给它装配。如果装配后,两个零件互相配合不好,打架了,怎么办呢?回去告诉工程师,再改图纸重来,这个过程就很漫长,而且中间浪费也很大,因为你没有零件之前你不知道它零件之间互相会有矛盾。那怎么办呢?现在,所有这些你都可以在计算机上面进行。零件设计可以通过计算机设计,零件的形状也可以通过计算机来仿真,然后它们之间的装配和它们之间受力的情况都可以用计算机进行分析和预测,然后再进行修改。这整个过程都牵涉不到实际过程,都是在计算机上进行的,这样的话,最后改好的结果我们才去进行实际制造,这就大大提高了设计制造的质量,缩短了制造的周期。所以把虚拟制造和实际制造结合起来是改进制造业的一种重要方法(见图9、图10)。

我们来看个例子,例如,设计一辆轿车有很多部分,都可以用计算机来进行虚拟,我们叫做数字轿车,这个轿车是利用数字来实现的。设计的过程是这样:我们经过市场调查,分析得出原来需要设计的这样一种类型的

信息科技和信息时代

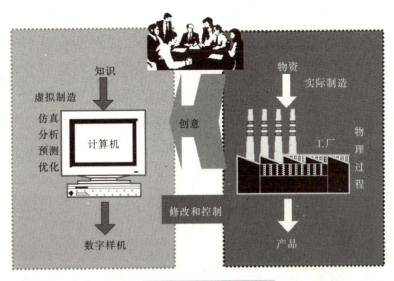

▲ 图9　虚拟制造技术

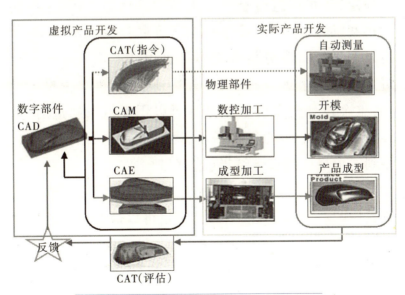

▲ 图10　利用虚拟制造技术进行产品开发

信息科学技术集

小轿车,然后,你可以用虚拟来进行工艺的外形的设计,当然你也可以进行经济技术的分析,看到底合算不合算,设计完了以后,你可以进行零件的设计,可以把它拆成不同的零件;然后,进行可装配的分析,这些零件怎么装在一起。可装配的分析,你可以用这个虚拟的办法来进行,你也可以进行可制造性的分析,到底这个零件用现有的工艺设备能不能造得出来,当然你也可以进行整机的经济性的分析,到底这个耗油不耗油;进行碰撞的分析,到底这个车能不能经得起碰撞,人坐在里边安全不安全;进行操纵稳定性的分析,你可以用一个虚拟的角色来看看,坐在里面开一开,到底它好开不好开,稳定不稳定;还可以进行空气动力学和结构的分析、震动的分析和噪声的分析,看坐在里边到底声音大不大,震动得怎么样。这些分析都完全可以用计算机来进行。分析完不合适了进行改进,一直达到最优,再拿去投入生产,整个设计轿车的过程都是可以用虚拟来制造的,这样就减少了中间的很多错误,缩短了制造的周期,而且得到一个最优的设计结果(见图11)。

　　当然,上面所说的是一个完整的过程,我们也可以拿其中的一个部件看一看,其实也可以这么做。部件级也可以虚拟制造,比如说,这个部件这边是虚拟的,这边是实际的,那么先进行虚拟研究。这个部件,先进行叫做CAD的辅助设计,用计算机来帮你进行;设计完了以

信息科技和信息时代

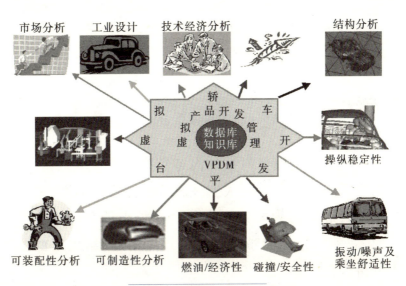

▲ 图11　虚拟轿车开发

后,再研究一下它的制造是不是可以进行,这个叫做CAM,它辅助进行制造,产生制造的各种指令;然后,研究它的工艺设备、工艺条件,再根据这个情况进行评估,对制造的这个东西的受力、发热等进行评估,评估完了以后,再反馈回去,改进设计。这些整个部件的开发过程都是计算机来进行的,评估好了,修改好了,然后再输进去,让数控进行加工,让成型机进行加工,加工完了以后得到成型的产品,然后再进行自动的量测,这就是实际的部分。

部件可以这样,整机也可以这样,这样的话,我们的制造业得到了更好的发展。现在美国不仅轿车这样设计,飞机也这样设计,整架飞机都是虚拟设计,大大改进

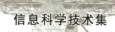

信息科学技术集

了飞机的设计和制造的周期。从这些例子可以使我们感受到信息技术对于各个方面产生的影响。

六、信息科技对人类社会的影响

上面讲了信息科技的内容和信息技术革命,并给大家举了一些例子方便大家理解这些内容。那么,信息技术革命和信息内容到底会给社会带来什么影响呢?下面,我就从给社会带来的影响这个角度,给大家做一些分析。

首先,由于通信的方便和快捷,通信网络的普及,手机的发达,信息技术缩短了世界的空间和时间距离。原来很遥远的地方,现在觉得很近了,大家之间交流非常方便了,因为缩短了空间和时间的距离,工作的组织形式以及生活方式也改变了。比如说现在利用信息网发展的电子商务,就使得企业的运作产生变化。采购、销售、市场都可以通过信息网络来进行,电子商务不仅仅是用网络来销售,我们整个企业的组织形式都随之在发生变化。所以组织形式跟着这个时空距离的缩短发生了变化,电子商务对我们整个企业和经济运转带来了重大影响。

同时,电子政务实际上改变了政府办公的方式,改变了政府和公民之间的交流方式,进而也改变了政府的

信息科技和信息时代

组织和工作方式。现在还有发展到在家办公的,在家里办公和在办公室办公已经没有什么太大的区别,在家里办公反而带来更大的方便,所以说,电讯也改变了人的生活方式和工作方式。

由于这个技术的发展,时空距离越来越缩短,地球变成了一个地球村。那么有人就问,这个地球村有什么意思?地球人都是生活在一个村子上有什么意思?结果有个科学家就给他举个例子,说科学研究的发展依赖科学家之间的交流,如果没有交流,科学研究不可能快速地发展。想象一下,如果一个地球上所有的科学家都聚集在一个房子里进行交流,那么对科学研究的促进将有多大的作用!这个回答很形象地说明了时空的缩短对我们科学家意味着什么。

当然,我们可以看到第二种变化,就是数字化的技术会产生大量的新产业,这个在我们社会里面正在实现。比如说,数码相机,就是一个大的产业,现在很多人都习惯于使用数码相机,它可以拍很多,可以马上就看,可以进行处理,可以传给别人,非常方便,这就是一个大产业。为什么会出现数码相机呢?就是因为数字化技术。正是因为这个原理的出现,所有的图片都可以用数字来表示,所以你原来是要胶片的,没关系,现在可以用芯片来代替,这就出现了数码相机。还有大家马上可以看到要出现的数字网络,现在广播界正在进行这个技术

信息科学技术集

改造,这也是个新产业。更大的产业叫数字电视,大家可以看到高清电视,发展的数字电视。不仅如此,将来还可以有数字文化,因为数字电视它需要电视的数字制作,需要大量的数字电影、数字节目,所以又可以开辟出一个新的产业。这些其实对我们产业产生了很大的影响。

第三个可能影响的是信息服务业。服务业已经成为人们日常生活工作中不可或缺的组成部分,所以以信息服务业为主的现代服务业,将成为社会的最大产业。现代服务业,它的核心内容是什么呢?是提供信息服务。那么这个信息服务业又是怎么体现呢?下面我给大家举几个例子。

远程教育,就是一个信息服务,通过远程可以把优秀教师的授课,把课件传下去,以便提供教育的知识、教育的信息,所以它是个信息服务。远程教育对我们国家的偏远地区,对西部地区,对农村影响尤为重大。再比如现在的医疗卫生服务系统,所有人都会遇到生老病死的问题,卫生服务系统就是给你提供有关的现代医疗卫生的咨询和服务,包括远程的诊断、医疗等的信息系统。这个对我们每个人都是有切身关系的。再比如说旅游,现在旅游已经成了很多人不可缺少的假日活动,有了旅游服务系统,我要想订票,要想了解旅游点,了解航班、火车,订房间等,都可以通过旅游服务系统来解决,及时找到相关的信息服务。当然我刚才还提到了数字文化工程提供各种各样的文化产业,大家别小看了这个文化产业,它可是一个大产业,产值不亚于汽车。从这几个例子,大家能够感受到,原来信息服务业的确是我们周围离不开的一个必需品。

此外,还可以用信息技术来改造传统产业,刚才所说的虚拟制造讲了一部分这个问题。比如说,所有的传统的制造业都需要计算机辅助设计,用计算机帮你来设计零件,称作CAD,通俗一点就是甩掉图板,不要画图了,用计算机帮你来画图,用计算机辅助制造。你的制造过程,用计算机来帮你解决,选择工艺参数,选择工艺装备,选择所有的制造方面需要的内容,都由计算机来帮你。当然,更有数控机床也是用计算机帮你来加工,用计算机来控制机床,现在,很多重要的零件都是数控机床来做。当然,还可以有整个制造业的信息化,也就是说,整个制造业从头到尾的信息流程,都加以优化,都可以掌握市场的信息,销售的信息,原材料的信息,加工的信息,车间的信息等等,整个流程都可以信息化。所以,数字化、智能化可以提升制造水平和管理水平,这些都可以对传统产业产生重要的影响。

我们也可以谈谈农业方面的问题。农业信息化,对农业的发展来说是非常重要的。例如,一个地区要进行宏观决策,农业应该怎么来决策,选择什么样的农业,这些可以用信息来帮你进行。生产管理也可以进行信息化，农业的市场、农产品的市场都可以通过信息网络进行推广。还有农业科技通过信息网来进行普及，包括所谓智能化的农业专家系统，这些都对农业的发展产生了很重要的影响。

还有一个问题，大家知道，交通成了我们国家所有大中城市的难题，北京市对此也非常困惑。那么将来的出路何在呢？可能就是国外正在发展的智能交通系统。用信息技术来支撑，来开展现代交通的管理，提高运输的能力和运输的效率，优化汽车的运力配置，改善交通环境、服务水平。智能交通系统是各个城市正在发展的一种系统，它可以缓解或者解决我们交通面临的困难。

七、信息社会是人类社会发展的必然阶段

通过上面的讲述，大家可以理解到人类通过了工业社会以后，会进入到信息时代。我们可以相信，人类在信息社会将会有比工业社会高得多的生产率，你从数字轿车和数字飞机就可以看出来，它的生产效率比你原来一个一个地做要快得多。所以，信息社会是人类社会发展的一个更高的阶段，它不是人为的，是社会发展的一个必然趋势，而且这种趋势正进入这样一种时代：人的

生产效率会有更大的提高。如果你要问为什么,那么我可以给你作一些深层次的解释。

为什么说信息社会是人类社会发展的一个更高的阶段,是一个必然的阶段?我们可以这么来想象,大家知道工业社会依靠的是什么呢?是工具和能源,也可以看做是人手的延伸。人手是干活的工具、能力、动力,所以说工业社会依靠的是工具和能源,事实上也就是人手的延伸。而信息时代发展的是信息系统,是信息处理,事实上你可以看做本质上是人脑的延伸,因为脑也是处理信息的,信息系统是发展了你处理信息的能力,也就是发展了人脑的能力。工业化社会是构筑在大规模的工具和能源基础上,事实上是基于手的经济。所谓经济要提升,在工业化社会是不是就需要更多的工具,更多的手,更强大的能力,还有更多的能源,更高的速度呀,这样手才能动作得更快一点,这是扩大规模的一种经济,你可以这么来理解。所以大规模、大批量的生产在工业化社会中是理所当然的,它是手的扩展,是一种规模扩张的经济。

而信息社会的经济从原则和本质来讲,它是扩展信息系统,是基于脑的一种经济,或者可称为知识经济。它并不是基于手的一种经济,而是基于智力的一种经济。基于手的经济的重点是扩大规模的生产,这很重要,对社会发展这是非常必要的,但是基于脑的经济,它

信息科学技术集

的重点不在扩大规模上,而重点在质量上的提高和创新性的变化,这就是本质的不同。它是基于信息的处理,基于科技的发展,它的重点是创新,是科技的内容,而不是规模。

那么反过来看,基于规模的经济,也就是说基于手,这样的经济,它往往受到制约。受到什么制约呢?资源的制约,你要扩大生产,要更多的资源;受到能源的制约,你要扩大生产,你就要更多的能源;受到市场饱和的制约,你大批的生产力,只要市场饱和了,就卖不出去了;受到环境污染的制约,你大批量的生产造成的很多的生产废料,结果环境不能承受。所以基于规模的经济,我们发现受到了很多因素的制约,我们已经承受不起了。

大家知道我们国家的能源消耗已经不能再这样继续下去了,我们已经成了世界上第二大能源消耗国,那么我们经济发展到底应该沿着什么路子发展呢?我们的环境污染已经相当严重,而且很多企业深受市场饱和的制约。出路在哪?其实就在于转换经济增长的方式,把经济增长转移到创新的经济,转移到知识经济的轨道上来,基于质的提高和创新的知识经济,比较少地受到资源和能源的制约,不断地创新,让市场饱和的制约少,环境污染也少。因为它是质的发展,所以它的发展可以说是无止境的,无限量的。正是因为这个变化才使得信

信息科技和信息时代

息社会成为我们社会发展的必然,而也只有沿着这个方向发展才是我们国家发展的出路。

我们可以想象到信息社会使得我们整个经济的发展达到一个全新的阶段,它的生产效率也有了极大的提高。我们认识到信息处理也是人类智力行为的一个核心,信息技术的发展和应用也必将直接推动人类的认知和智力的发展。在此意义上,信息时代的发展,其含义是非常深远的。由于信息技术的发展直接推动世界科技和知识的产生,大家知道近十年来,世界科技和知识的出现速度大大加快,甚至相当于过去若干年的总和,发展到一定的阶段,其结果就使得知识和科技成了第一重要的生产要素。

过去的生产要素是劳动力和资本,现在科技和知识成了第一重要的生产要素,因此信息社会、信息时代给我们的启示就是创新的知识、创新的人才,成了社会最宝贵的财富。从这我们可以看到,人才和科技是国家富强的重要标志,是国家振兴重要的依靠。我们中国的腾飞和振兴主要依靠的是科技,而科技的发展主要依靠一批优秀的人才。信息科学技术现在正在非常迅速地发展,这是一个愿意从事信息科技工作的人大有可为的时代,应该说信息时代也是我们国家发展大有可为的时代。我相信大家在这个时代里边都会充分地获得益处,我们国家也将在这个时代里边得到腾飞。

▲ 十世纪埃及雕版印刷古兰经残片 10×10 厘米

▲ 最古老的金属活字印刷本直指心体要节,1377年

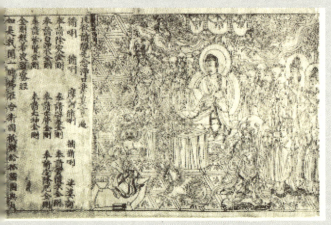

▲ 西元868年唐代的金刚般若波罗蜜经

▲ 吐鲁番发现的1400年纸牌

▼ 加以颜色标示的集成电路内部单元构成实例,四层铜平面作电路连接,之下是多晶硅(粉红)、阱(灰)与基片(绿)

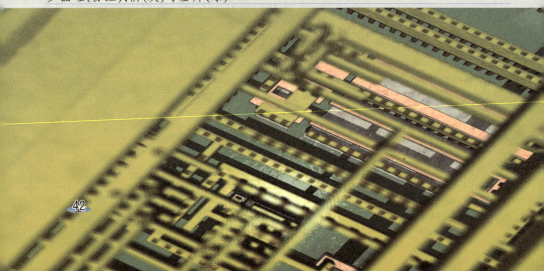

通信技术的换代发展与新的应用

邬贺铨

一、下一代承载网
二、下一代互联网和下一代网
三、网络业务的发展

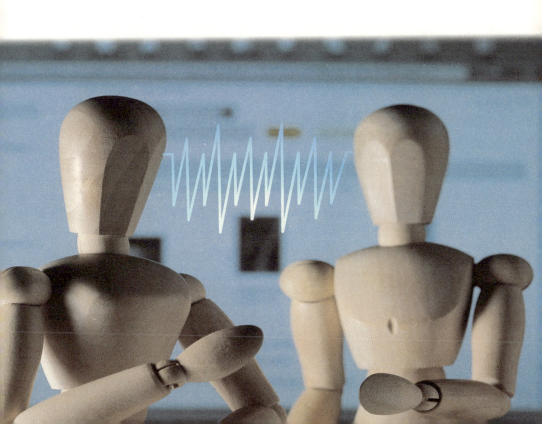

【作者简介】邬贺铨,光纤传送网与宽带信息网专家。1943年1月16日出生于广东省广州市。1964年毕业于武汉邮电学院。曾任信息产业部电信科学技术研究院副院长兼总工程师、大唐电信集团副总裁。兼任国家"863计划"监督委员会副主任、国家"973计划"专家顾问组成员、国家信息化专家咨询委员会副主任、中国通信学会副理事长。是国内最早从事数字通信技术研究的骨干之一。作为项目负责人,在国内首先研制成功了PCM30路复用设备、STH-1/STM-4复用设备、155/622Mb/sSDH光纤通信系统等,领导管理了 8×2.5Gb/s 波分复用光通信系统,研制开发光通信示范工程。连续多年参加 ITU-T 网络标准研究组会议,参与了国家重要领域技术政策研究和国家中长期科技发展规划纲要的起草,多次参与了国家通信发展的决策。1998年获"国家科技进步奖"二等奖,1997年获"邮电部科技进步奖"一等奖。

1999年当选为中国工程院院士。

一、下一代承载网

关于下一代网的概念有很多说法。分解来看,从承载网来说它包括交换系统和传送网,如现在讲的软交换、下一代传送网自动交换光网络ASON,还包括宽带接入网、宽带无线局域网、宽带移动通信网、3G、增强性的3G和B3G等。但是从狭义上讲,下一代网基本上是指NGI和NGN。

1. 软交换

我们的交换系统经过第一代模拟的空分电路交换,现在广泛使用的是第二代数字的时分电路交换。目前逐渐成为主流的是第三代,它是数字的、时分的、宽带的和分组的。第三代比较早的是1989年出现的帧中继(Frame Relay),然后是1995年出现的异步转移模式(ATM),交换以太网出现也是1995年,VoIP是2000年。软交换实际上是将传送功能、呼叫控制功能和业务复用功能通过开放接口把它分离。SUN公司说过一句名言,"网络就是计算机",实际上,网络也是交换机,可以利用网络来实现交换。当你需要它传送带宽更宽的时候,单位时间传送的分组(包)多一些;当你需要它传送带宽较窄的时候,单位时间内传送的分组(包)就少一些。这个灵活性靠控制功能来实现。控制功能主要是软件功能,所以把它称为软交换机。当然为了把被交换的对象分组化，需要把时分复用(TDM)传统的时分的信号通过网关打成包，并且要完成电话网号码(E.164编号)到IP地址的转化。软交换还有一个特点，它秉承了电信界的思路发展，所以它仍然需要很强的实时性，需要很强大的NO.7信令网的支持。电信运营商念念不忘计费，软交换当然也有很强大的计费功能。从这个意义上说，软交换的思路基本上是从VoIP过渡过来的，它保留了VoIP的网关，同时把VoIP的网守变成一个软交换器。从这个意义上说，软交换机起到一个媒体网关控制器的作用，实现呼叫处理、授权、认证、记账等功能。当然它也利用了呼叫的整个协议，像SNAP、SIP等。它比较合适的是连接普通的电话网和IP网。当然如果对本地交换而言，你把普通电话再变成IP，然后交换完了再从IP变为普通电话，显然多此一举。所以大部分软交换最早还是用在长途电路上。当然随着现在软交换成本大大下降，用在端局的成本也已经降了下来。

  图1是软交换的应用。它在中间，通过TDM的普通交换机，通过网关接入，连接到软交换机，软交换机是和NO.7信令连在一起的。目前的软交换容量已经很大，就成本而言，已经完全可以取代普通的程控交换机。但问题是，程控交换习惯性的组网是等级网络，哪怕是从原来的5级变成3级，现在还是等级网络，而软交换是基于

路由器的工作方式,即传统上是无级网,它和现代电话网配合的时候就面临一个问题,究竟是采用等级网还是无级网,目前来讲还缺乏经验。

另外软交换机本身,尽管说实现了呼叫控制和业务应用的分离,原来还希望有更多开放性的第三方的业务接口,但实际上现在还没有完全达到这一点。再有一点,软交换机它本身还不能解决QoS(服务质量)问题,因

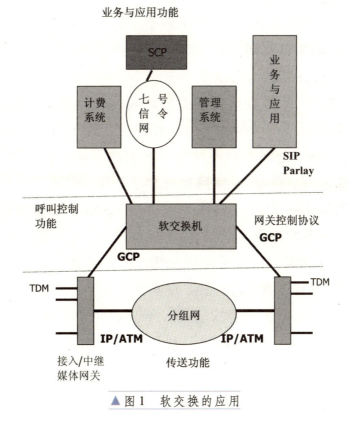

▲ 图1 软交换的应用

为它的承载层还是分组网,即基于ATM或基于路由器。从这个意义上说软交换机还没有为QoS提供什么解决方案。

说到软交换,同时还要说到现在的MPLS(多协议标签交换)。MPLS的技术应用了现在路由器的控制功能,也利用了ATM的转发功能,实际上是把两者结合了。也就是说在第二层半利用面向连接的标签交换来支持第三层的无连接的传送,因此加快了软交换机处理路由的能力。另外一点,传统的IP网秉承的是OSPF(最短路径优先)的选路原则,不考虑所选路径是否拥塞,就算旁边还有空余的路由,它也不会选。

MPLS除了继续按照最短路径优先之外,还增加了一些智能,它会根据业务流量、路由可用性来选择别的路由,哪怕是绕道。不见得最短的路径就走得最快,大家都选最短路径,最短路径就容易拥塞。是不是一般的路由器都可以通过软件升级为MPLS呢?答案是否定的。一般的路由器"头脑简单四肢发达",它只打开这个IP包查地址,不需要任何思考,就只走最短路径。而MPLS需要了解拟选路径的业务流量,与其他路径比较。因此从这个意义上说,不是路由器不能升级为MPLS,而是一旦升级完了以后,可能要为选路付出一些处理能力方面的代价。

2. 自动交换光网络

现在说一下传送网——自动交换光网络 ASON。第一代的传输系统是模拟的、频分复用的。中国曾经在中铜轴电缆上搞过4830路，那是20世纪70年代的事情了。到20世纪80年代，特别是出现了光纤以后，出现了数字时分复用方式，一对光纤传送2.5G是比较普通的事情了。到20世纪90年代出现了波分复用，这个时候一对光纤可以传到1.6T，即一对光纤可以传送2000万电话线路，相当于0.01秒钟传完了30万卷大英百科全书。到现代又转到新一代的传送网，叫自动交换光网络。

光纤通信系统有三个发展方向，一个是单波长做到40G，一个是在一对光纤上的波长数商用可以做到160个波长，另一个是无再生的传输距离可以做到6000千米。应该说它的容量能力很大，目前商用系统的传输能力只是单根光纤所能利用的传输能力的1/50到1/100。应该说在电信领域很多技术都面临换代，唯独光通信可以看到未来10年、20年还没有任何的传输媒介特别是长途传输媒介能够向它发出挑战。但偏偏是这个发展方向非常明朗、没有任何被挑战的技术在产业上遇到了很大的不景气，原因是什么呢？光纤有这么大的容量，全中国打电话如果集中在一根光纤上都可以解决，那么谁还需要再敷设第二根光纤呢？现在光通信变成了高处不胜寒。在这种情况下，我们发现除了容量之外，很大的问题是配置的灵活性。而且随着IP业务的爆炸性增长，IP业务本身是不确定的、不可预见的，传统的靠人工连接配置的方法既费时又费力，还容易搞错。

自动交换光网络是IP Over DWDM上面的一个发展。将IP层和光传送层置于同一个控制面之下，实现可自动配置的连接管理的光传送网。从普通的光传送网到自动交换光网络，是在传送网上引入了信令，引入了交换。传统的传送网只是个运输系统，相当于"马路"，它本身没有信令和交换。所以说ASON是给传送网技术引入的一次革命，使传送网具有交换能力。根据信息产业部2002年统计，我们敷设的光纤利用率只有22%，也就是说很大的容量是空着的。但是如果一个客户要从运营商租一条从西安到教育部的电路，运营商未必能很快响应。虽然它每一段电路都有空，但是并非都在一根光纤上，或不在同一波长内，而且每一个OADM（光分插复用器）和OXC（光交叉连接器）都需要重新配置，通过网管的人工配置费时费力。而我们通常打电话从来不要话务员配置，它都应用信令自动完成选路。在这个意义上，如果我们在光网络上引入信令，在源端你只要打入一个命令，由这个网络管理系统自动地每一站来给你实现配置，就可以很快地沟通这个线路。这样一来传统的光网络不仅有传送功能，还有故障的恢复功能以及链路管理功能。引入了ASON，特别是引入了GMPLS（通用

通信技术的换代发展与新的应用

多协议标签交换)功能以后,增加了连接接纳控制,即判断系统的容量是否足以接纳这个需求。另外还要选路功能,即靠信令来指挥从而自动选择路由。另外还有拓扑发现功能。我们的不同运营商如中国电信和中国联通每天都在更新他们的网络,互相之间并不通气,在网络互联的时候要靠网络系统来自动发现与其互联的另一个运营商的传输系统的状况,例如波长数、设备类型、拓扑方式等。

另外 SDH 到如今已经十多年了,曾经有一段时期,很多人认为正如当年 SDH 取代 PDH 一样,SDH 也应该被取代。可是经过这几年发展发现,取代 SDH 的说法又不那么甚嚣尘上了,现在改成要发展下一代的 SDH 了。SDH 确实有它的一些局限性,传统的同步数字系列,它的接口带宽是 2M、34M、140M、155M、622M、2.5G、10G 和 40G,它是以 4 倍的关系往上翻的,而我们现在大量使用的以太网,其接口速率是 10M、100M、1000M 和 10000M,是以 10 倍的关系往上翻的,这两者是不匹配的。如果有一个 6M 的信号要接入到 SDH,你只能把它分解为 3 个 2M,分解的过程之中每个 2M 的负荷很难均衡,时延也很难一样。那么有没有可能让几个 2M 组成一个虚拟的 6M 呢?这就叫级联。目前对 SDH 进行了一些改进,例如增加了以太网接口,增加了 GFP(通用成帧程序)的成帧,通过 GFP 的包装,使它更适合于接入现在广泛使用

的以太网、IP以及其他信号,再通过增加级联的功能以增加带宽的利用率。

除了SDH的发展以外,在光网络上面引入了GMPLS(通用多协议标签交换)协议。它实际上是什么呢?在MPLS协议的基础上增加了光路的交换能力,就是多协议波长交换,而选路的能力则直接搬用了互联网上的选路协议,还直接搬用了互联网的信令协议,如RSVP-TE、ISIS-TE等,这就是GMPLS。简单地搬用是比较方便的,但是在应用上会遇到一些麻烦。互联网是单向的,去的方向和来的方向不同,可是传统的光网络是双向的,那么怎么把互联网的单向应用到双向?另外互联网处理的颗粒性比较小,而光网络处理的颗粒花样比较多、比较大,因此简单地搬用协议也遇到了一些问题。也就是说从MPLS到GMPLS需要实现面向光网络的改进。

虽然我刚才说的主要是核心网上的技术,可是现在运营商的建设重点却是城域网。干线网相对而言建设起来比较容易,而城域网上的花样是很多的,包括接入网。很难说现在哪一种城域网技术在网络上会占主导位置,比如,ATM的VP(虚通道)环、MSTP(多业务的传送平台)即下一代SDH、RPR(弹性分组环)、DPT(动态分组传送),还有中国提的标准叫做MSR(多业务环),还有10G的以太网,等等。而在这里面发展势头比较好的是

通信技术的换代发展与新的应用

以太网。以太网是一种对IP业务优化的协议，它的分组和IP包有类似的大小，因此它比较适合传送IP。以太网本来用于校园网，但是在我们中国，城市老百姓大多数人都住市区，一个居民楼住上百户，从这个意义上说中国的光纤到大楼可以服务上百户家庭。美国的光纤到路边，跟光纤到家一样，因为美国有钱人家喜欢住郊区而且居住分散，到路边的光纤只能为一家服务。所以中国光纤到大楼后因上百户共享，平均每户的成本比较便宜，因此中国光纤到大楼的比例很高。把居民楼看成是校园网的话，就可以把以太网直接用到居民楼了。而且过去的以太网是一种局域网的方式，而现在已经扩展到全双工，而且是点到点。以太网从10M到100M，大概走了十多年，从100M到1000M走了3年，从1000M到10000M还用不到3年，这个技术升级非常快。带宽成十倍增加但系统的成本并不会成10倍地增长，而只是成几倍地增长。因此在这个意义上说以太网越往高带宽走，它的单位带宽成本下降越大，所以以太网的应用前景非常好。但是以太网也有缺点，即它不具有业务流量的梳理和QoS的保证，用来传数据没有问题，用来传电话是不太合适的。另外尽管居民楼和校园的几何集中度都是一样的，但实际上居民楼是一个几乎没有关系的用户在物理上的聚集，你不能把它当做一个有一定内部关系的网来对待。因此以太网一旦用到居民楼，就需要采用

隔离技术等,保证用户间的隔离。另外以太网通常没有网管,没有计费,在入网用户少的时候建网成本还是比较高的。虽然以太网有这些缺点,但目前正在解决,包括以太网怎么承载公众网业务,怎么解决OAM的功能,怎么解决一致性检测等等,所以说以太网未来发展前景比较好。

3. 3G

这里说一下第三代移动通信(3G)、增强性的3G(E3G)和后3G(B3G)。第一代移动通信,当时关注主要集中在覆盖。第二代移动通信关注在用户数量的增长,如提高话音质量、可移动性以及能力。第三代聚焦在带宽上,如宽带、新业务和频谱的有效利用。现在正在说的第四代移动通信呢,它不叫QoS,而叫QoE。QoS是运营商所评价的业务质量标准,如误码、抖动等,而QoE是用户所感觉的业务质量标准,包括使用的简单性、性能、安全性、可信度、价格、可扩展性以及是否无处不在等,它集中在以人为本的角度上面。传统的第一代移动通信是基于频率分割的,其多址方式是频分多址(FDMA),一个小区内根据不同的频率来支持不同的用户。它的标准化是在20世纪80年代初,繁荣时期是20世纪90年代。对于中国而言在2000年已全部退网了。现在广泛使用的第二代移动通信是GSM的,它基于时分多址

(TDMA)，即同一个载频下依靠时隙的不同来区分用户，在时分的基础上还可以利用多载频的方法来扩大小区可支持的用户数，它的频谱利用率相对第一代要高得多。第二代移动通信还有码分多址（CDMA）方式，小区内区分用户不是靠载频也不是靠时隙而是靠不同的伪随机码序列。第二代移动通信虽然从模拟变为数字，但仍然是电路交换。而在2000年前后，第三代移动通信的标准就出现了，它基于CDMA，主要标准有WCDMA、CDMA2000和中国提议的TD-SCDMA，TD-SCDMA同时采用了CDMA和TDMA的技术。目前在中国3G很热闹并已应用，国际上关于第四代移动通信的标准研究也早已经开始了，其标准化时间是2008年或2009年，它的带宽能力可以在快速移动时支持30～100Mb/s，在慢速移动时支持1Gb/s。第四代可以很明确地说它不是CDMA。越是宽带对频谱利用率越加重视，从提高频谱利用率出发，可能会使用OFDM。

从图2可以看出，移动通信的换代是非常有规律性的，每十年换一代。那么我们推测到2020年前后，也可能换到第五代，究竟第五代是什么目前还没有人知道。而过去宣传第三代就是在手机上看电影看电视，3G可以这样用，但不是它的主要应用。现在我们看北京的移动通信的渗透率已经超过90%了，在西安的市中心区也超过了70%，而中国城市里面的高楼基本上都是住人的，

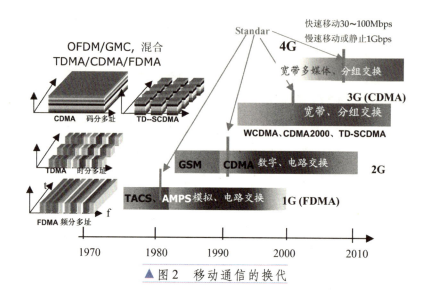

▲ 图 2　移动通信的换代

城市中心人口非常密集。在中国的城市70%的渗透率意味着什么呢？在市中心的一平方公里，在房间里拿着手机的人有68800人，而在同一平方公里内马路上拿着手机的人有48000人，自己开车的拿手机的有900人，加起来在一平方公里内拿手机的约有12万人。在一个小时里面假设每个人平均打电话108秒，再加上一些短信等等。如果我们的室内蜂窝小区的半径为50米，在马路上为300米，高速公路上蜂窝小区的半径为600米，这样一来需要多少频率呢？GSM上行要30MHz，下行要36MHz，同时还要3G，上下行分别需要7MHz和13MHz。30MHz是什么概念呢？中国移动曾经在国内所能拿到的频率为一对30MHz，即上行30MHz，下行

30MHz，也就说用于2G的频率已经不能适应当时城市高话务密度了，连打电话都不够。在这个意义上3G在一定程度上弥补了大城市移动通信能力的不足。第三代移动通信的标准化在2000年已经完成通过，主流是欧洲提议的WCDMA、美国提议的CDMA2000和中国提议的TD-SCDMA，本来列入标准的还有两个，但这两个只是局限性的应用，大部分应用是前三个。

传统的移动通信都是频分双工（FDD）的，只有小灵通是时分双工（TDD）的。对于FDD，手机发出的和接收的频率是不同频带的，发、收的频段是对称的，这对于打电话而言是天然合理的。如果发展到3G和B3G的话，主要支持宽带，而传统的宽带上下行是不对称的。

人们愿意从网上下载影视节目和音乐，但一般网民上载音视内容到网上的比例则低得多，随着时间的发展，由于网上的Java、MP3等越来越多，所以下行的量会远远大于上行。在这个意义上宽带是天然上下不对称的，因为不对称，如果对称地分配频率，那就会有一个方向的频率浪费，或者另一个方向不足。TDD方式是在同一个载频上灵活地划分频段，可以不对称分配，适合于宽带发展。在第三代移动通信里面TD-SCDMA是TDD，在第四代里面主流的也会采用TDD。在单个频段上，好处是有利于使用智能天线，工作在同一频率的一组天线就可以同时管发和收了。当然也有它的局限性，就是支持运动的速度会低于FDD,不过这个并不会永远局限于每小时120千米,随着DSP处理能力的提高它也会改进的。

还有一个特点,传统的有线通信在发送的时候知道对端在哪里,沿着固定的路径走到固定的地点。而无线通信从来就是信号放之四海,发送的时候并不知道接收端的具体位置,或者虽然知道接收端的位置,但并不刻意对着此位置发射。有没有可能在移动通信也做到发送的时候知道收端在哪里?智能天线就是起到这个作用。

移动通信还有一个特点,它传播不按照固定路径,它有一个主径,同时由于反射的原因还有很多旁径。多径传输时延和主径不同,实际上都是同一个信号,但是到达接收端时,它们互相干扰,这是多径干扰,是无线通信天生的东西。但是如果我们能用一组天线,能根据这组天线几何位置的差别测出终端在哪里,我们就可以用DSP的技术补偿这多径的时延,使得多径干扰变成同相叠加,这是一个好处。另一个好处,我们既然知道它在哪里,就集中对着它发射,这样一来它可以接收最有效的功率,可以大大减少对不该接收该路信号的终端的干扰。现在TD-SCDMA之所以能够做到既用时分又用空分的技术,实际上是借助了智能天线。同时由于可以定位终端,它不管终端距离这个基站有多远,都可以通过控制各终端发送信号的相位让这些终端所发射的信号同时到达接收机,完全实现了CDMA信号的正交。由于知道终端的位置,它不用现在CDMA系统通常所用的软切换,即由终端发起的在蜂窝小区间的切换。在软切换情况下,终端在相邻小区切换的时候只是感知无线信号的功率,它并不知道将要切换到的小区是否有空闲信道,因此可能在切换时会引起掉话,而TD-SCDMA既知道终端的位置,也知道靠近哪个基站,知道哪个基站有空闲信道,它可以通过网络来控制发起这个切换,这种切换被称为接力切换,它相对软切换具有一些优点。中国的3G还没有起来,现在又要开始发展增强性的3G了,其原因不完全是因为投入市场晚,主要是受到WIMAX的挑战。WIMAX的处理能力比现有的3G要大,支持的带宽要宽,因此在3G和4G之间插入了一个增强性的3G,高速的分组数据下行(HSDPA)和高速的分组数据上行(HSUPA),它的带宽从5M到30M。在增强性3G之后还有演进型3G,它的带宽就更宽。

在3G还没有完全投入的时候,就已开始B3G的研究,它希望快速移动的时候带宽还能达到30~100Mb/s,慢速移动的时候能达到1Gb/s。移动通信的制约因素是频谱,如果频谱效率不提高,而把带宽提高,势必一个小区的用户数减到很少。尽管可以再使用微蜂窝,但是蜂窝也不能再小了,在一个房间里面走动时也会进行切换,频繁地切换增加了网络对用户移动性管理的难度。所以只能尽量地提高频谱的利用率,使频谱利用率快速移动时提高3到5倍,慢速移动时提高5到10倍。但是传输的性能不能降低,发送的功率不能提高,这里面提出一系列的要求。B3G使用的技术会多种多样,如OFDM、中国提的GMC,还有混合式的FDMA和CDMA、MIMO(多输入多输出天线)等。MIMO不仅用在基站上,手机上也会有多天线,几年前,上海召开了一个B3G的Forum研讨会,交流中国在B3G方面的进展,ITU(国际电信联盟)希望在2009年通过IMT-Advanced标准,此即我们说的B3G或4G标准。在第一代移动通信产品进来的时候中国人还没有睡醒,第二代移动通信进来的时候还没有起床,第三代移动通信进行的时候刚刚起床还没有准备好就赶着报标准,我们希望在第四代的时候有充裕的时间做出我们的创新。

除了3G通信外,引人注目的无线通信还有无线的局域网(WLAN)和无线的城域网(WMAN)。当时比较有挑战性的是IEEE 802.11,通常称作WiFi,主要是带宽较宽,但是移动性较差。随后出现的IEEE 802.16e,即Wimax,它利用了OFDM、空时编码、智能天线和帧间及载波间交织等技术,所以它的带宽和支持比特率比3G好,它的移动性和3G相比毫不逊色。因此有人说Wimax取代了3G,也有专家写信给领导建议中国不用上3G,直接跳到Wimax就可以了。是不是这种情况呢？从标准化和商用时间来讲，大概2005年IEEE 802.16e基本完成底层的标准，但上层标准还没有定。从带宽能力上看基本上介于增强型的3G和4G之间，主要面向的用户是笔记本终端。从网络覆盖来讲主要是局域网及热点地区的覆盖。致命的一个问题是全世界的Wimax没有统一的频率，而移动通信的特点是全世界需要有统一的频段。至于很多人认为Wimax便宜，它将取代移动通信，但所说的便宜是因为它还没有移动性管理功能，移动通信里面很大的一个成本在于移动性管理、计费和漫游管理，如果Wimax加上这些功能在成本上和移动通信可能差别也不大。我个人认为这两者可以互补，在外部使用移动通信，在房间里用Wimax。

二、下一代互联网和下一代网

1. 互联网面临的挑战

互联网出现的时候没有流媒体，也没有多媒体会议，那时互联网的主要应用是电子邮件，后来出现WWW浏览应用，但主要还是文本文件，现在电话、音乐和视频都成了互联网的日常应用。互联网的终端最初仅仅是PC，现在PDA、移动电话、家用电器和传感器等都可上网，家里的电器除了电灯以外都可装备有CPU，甚至可以上网。最早的互联网没有考虑无线/移动上网,它是在一个ARPAnet的圈子里使用的,适用于其成员彼此有关系的一个小团体,而现在把互联网推到一个缺乏信誉的世界里面,怎么提供有信誉的服务是个很大的问题。在互联网上有一段很有名的话,一个老狗对小狗说:"你上网吧,不要怕,没有人知道你是狗。"可见互联网的诚信面临很大的挑战,面临着业务质量、安全性、可扩展性和商业模式的问题。

全世界每18秒就会收到一个蠕虫病毒,每三天会出现一个新的病毒。美国每个员工平均每天发送22.9封邮件,接收81封,其中十几封是垃圾邮件。据说中国被评为发送垃圾邮件最多的国家,这也不足为奇,中国的互联网用户也比较多嘛,而且很多垃圾邮件的源头并不见得在中国。全球的黑客有几百万,如果说过去的黑客是高智商的,现在的黑客实际上有初中水平就够了,网上有很多黑客教程。更重要的是,WIN2000和WINXP的源代码大约分别有3500万行和4500万行,微软自己说每1500行会有一个Bug,由此可以算出WIN2000和WINXP的Bug可达2.5万到3万个,尽管微软经常发布补丁,但每一个补丁也会有好几个Bug。所以互联网具有天生的脆弱性。在冯诺伊曼的计算机模型里面数据和程序以相同的方式存放,这在当时是计算机发明的一个很好的方向,而现在发现用户数据进来之后就可以干扰

通信技术的换代发展与新的应用

程序,这是一个致命的问题。现在互联网发展的复杂性已经不是当初发明时所能想象的样子了。

传统的互联网是一个逐级选路的,一跳一跳地打开这个IP包,查地址和按照路由表转发IP包。按照美国人的观点,平均每个人上网要经过15跳。随着网络规模越来越大,路由器越来越多,路由器的路由表更新也越来越频繁,这样,扁平型的互联网的选路方式受到了挑战。

2. IPv6的机遇与它自身的问题

全世界的IPv4地址有40亿,除了老人和小孩外,一人一个IP地址是够用的,目前实际使用的并不多,可是预占的已经很多了,能够再用的地址相当少。尤其是在中国,截至2005年6月,中国的网民已过亿,中国的三个网民共享两个IPv4地址,中国拿到的IPv4地址占总的地址数目的3%,而美国是86%,美国平均每个网民至少有10个IP地址。这种不公平性很难改变,因此中国和亚洲的一些国家迫切地希望能尽快地过渡到IPv6。传统的IPv4网络地址后面就是主机地址,网络地址不分级,而IPv6分为全球地址前缀、网络地址前缀和子网地址,它有等级性。从这个意义上说互联网转到IPv6又回到类似电信网传统的等级选路方式上来。还有一点,IPv4的主机地址不分源地址和目的地址,而IPv6对它进行了区分。IPv6的地址容量很大,大到对地球上的每一粒沙和

每一滴水都能够唯一识别,将来所有的物品都会有地址。全球统一寻址的好处是不需要NAT(网络地址的翻译),避免了私有地址的问题,恢复到互联网传统的端到端的操作模式。

地址多有什么好处呢?原则上IPv6并不比IPv4更安全,但是因为地址很多,那些基于扫描的攻击基本上不可能。如果每秒扫描100万个地址的话,264个地址要扫描50万年,也就是说你每一个终端被扫描到的概率非常低,而且扩散起来也非常难。用IPv6代替IPv4就不用NAT了。没有NAT是否不安全呢?实际上安全性并不是由NAT决定的,真正的安全性来自防火墙,不用NAT不意味着不需要防火墙。地址这么多,路由器要打开这个地址,原来有40个比特,现在有40个字节,就算PC的CPU再快,这样选择也是很慢的,所以IPv6地址结构不得不采用等级的方式,而且要采用路由集合的方式、包头的压缩方式等。要加快选路,还要自动配置,否则这么多地址很难分配出去。另外要支持移动性,解决三角选路的问题,部分地考虑安全性和QoS。

IPv6强制使用IPSec,IPv4也是可以使用的,只不过它使用了NAT,NAT本身阻断了IPSec,从这个意义上讲IPv6更有利于IPSec的使用。不过如果IPv4和IPv6同时使用IPSec,不存在谁更安全的问题。一个IP包在安全区域里面并不需加上IPSec,一旦进入到非安全区域就需要加上IPSec的头,它是一种加密的协议。但是加上IPSec并不支持QoS,也不支持动态IP,它不能穿越防火墙和NAT。而且IPSec需要使用PKI(公共密钥),这种方式在固定终端上好解决,在移动终端上使用公共密钥、数字签名,对手机的内存和功耗都有很高要求,因此在一定意义上IPSec在移动终端上的使用是受局限的。

另外IPv6也不能很好地解决组播安全的问题,必然要加密,点到点的加密好办,但点到多点或多点到点的加密就很难解决。可以说除了地址扩展以外,IPv6还没有从根本上解决互联网的问题,那为什么还有用呢?它至少还能扩展地址。地址多了可以实行实名制,只要上网就能知道上网信息是从哪一个终端发出来的,有利于造成一种威胁力量,在上网的时候不敢为所欲为。

3. 下一代互联网

互联网从20世纪70年代开始,主要是基于TCP/IP的系统。第一代的互联网是拨号上网,主要应用的是E-mail,当时还是个研究网。到了90年代Web技术的出现,WWW成了最主要的应用,后期就进入到电信业务,如VoIP等,它成了一个商业性的网络,地址协议主要是IPv4。现在面临互联网新一代的发展,永远在线的、流媒体的、多媒体的,进入了广播电视的领域。地址协议将过渡到IPv6,新一代互联网的代表性技术是P2P和网

格技术等。

新一代互联网在协议和能力上主要增加了IP的安全性,增加了IPv6,增加了MobileIP的能力,增加了带宽的管理。在增加这些能力的时候,引入了信令。大家知道互联网是个无连接的系统,是从来不要信令的,电信网是个面向连接的系统,是需要信令的。IETF正在研究在互联网中利用信令,用控制面来增强下一代互联网的功能。

我们比较一下现有的互联网和下一代互联网的演进:在复用方面,都是以可变长度的分组作为复用数据;在交换方面,下一代互联网是面向电路的分组交换(例如MPLS的使用),而过去的互联网是不面向电路的。

在透明性方面,原来要求在没有误码的时候用户数据绝对是透明的,现在需要考虑中间引入处理,如DPI的引擎等。

在通用连接方面,原来的互联网除非是有意禁止,互联网上的每一个主机都能够连接到任意一个主机。这使用起来很方便,但现在发现DDOS(分布式攻击)就是这样来的,就等于每一个终端都可以被任何一个终端来连,不管你愿不愿意,别人都可以连接到你这里。这就引入了一些很大的问题,所以现在通用连接要继续开发对DDOS的预防和缓解工具。

对公共业务的承载方面,过去互联网是无连接、端到端，尽力而为，主机上除了TCP/IP外，没有接入协议；现在新一代的互联网不但要提供端到端的无连接业务，还要提供差分服务Diffserv、MPLS-TE等业务，主机要提供SIP（会晤启动协议）信令。这一点是有很大的区别，过去我们的计算机除了TCP/IP外没有其他协议。过去的互联网是无连接的，现在的互联网要考虑显式的通道/源选路，如MPLS。过去的互联网讲最小依赖性，要求业务支持端到端的通信，主机／网络接口是对称的，传统的互联网把网络看成是两根直线，这是传统的互联网的思想，两主机除了连线外不需要中间介入任何设备就可以直接通信，现在的互联网仍然强调最小依赖性，但是必须考虑网络中的IMS、DPI引擎、业务控制面和信令等。

在移动性方面，过去的互联网基本上不考虑，像TCP/IP这种机制在无线信道很恶劣的情况下它的效率是很低的，现在的互联网必须要考虑如何适应移动性的要求，还要在协议层上做一定的改进。

在安全性方面，传统的互联网是没有机制来限制主机发送过多流量的，相信主机遵守TCP规则，但主机未必都自律。特别是主机恶意的攻击成为DDOS源的话，原来的互联网对此是没有任何防备的，从体系上它没有保护自己的网元不受攻击的机制，只靠链路加密。而新一代的互联网则考虑网络需要一定的安全性，如

IPSec等。

在网络资源分配方面,原来的互联网是靠端节点来感受网络的拥塞,一旦对端收不到包,它就会重传,由端节点自动地降低比特流量,以足够的缓存和环路时延为代价,没有比TCP更积极的传送协议;现在的互联网则提出不仅要靠终端的能力,还要考虑网络上怎么去管理网络的资源。有人说互联网的问题不就是拥塞吗?把马路修宽了不就行了吗?实际上现在发现带宽再宽,也都被P2P等吃掉了。

美国曾制定一个中长期规划,在2002年由思科、英特尔、微软、3COM等向美国政府建议在2010年实现一亿个家庭用100Mb/s上网。美国NSF支持以此为目标的被称为100×100的研究项目,这个项目由伯克利大学、斯坦福大学、莱兹大学等承担。这个项目得出的结论是,实现QoS太难了,甚至在高带宽的情况下也未能提供期望的性能。还有,互联网已经不可能像它原来基本的设计方式那样来发展,Web的流量控制器和设备的路由器太复杂了,大网络的运行越来越难,而且不经济,在网络发展的十字路口又一次提出了是革命还是改良的问题。互联网应该是面向连接的还是面向无连接的呢?现在是无连接的,但是未来的互联网需要有类似老电信网的面向连接的特性。

我们很多人认为电话网是落后的,互联网是先进的,实际上这两者是相对而言的。我们来回顾电信网络的发展历程,最早的电话网络是面向连接的电路网络,我们只要把这个电路接通,不管此用户是否在讲话,这条电路都专属于该用户,服务的质量是99.999%。曾经出现过ISDN,它是电路交换面向连接的;后来出现了B-ISDN,它是分组交换面向连接的。B-ISDN试图综合分组交换和面向连接这两者的优点,既优于支持电话又适应数据业务,但是好景不长,半路杀出了互联网,互联网是分组交换无连接的,是来者不拒,尽力而为。它用简单的方法优化对数据业务的支持,互联网的成功不在于它的理想,而在于因其简单而深入了大众,它已无处不在既成事实。因此B-ISDN的夭折不是因为它不理想,而是它太讲究完美了。目前互联网酝酿着向下一代的发展。

4. 下一代电信网NGN

NGN的主要特征是用户面、控制面和管理面分离,传送层和业务层分离。能够体现控制面和传送面分离的是软交换机,所以在NGN的模型里面把软交换放在了主要位置,但同时强调了控制。我们知道服务质量QoS是互联网很难解决的问题,在NGN里面解决QoS也是很难的。据目前所知,在IP网里面没有单一的QoS措施能满足不同业务的QoS要求,可能需要控制面、传送面和管理面的协同。比如说控制面的接纳管理控制、QoS选路、资源的保留（例如综合服务 Intserv 和 RSVP）；数据面的缓冲器管理、拥塞避免、分组标记、队列和调度、业务量成型、流量策略、流量分类；管理面上的业务恢复、业务级协议（SLA）等，需要多种措施。

　　传统的互联网是尽力而为，而不依靠管理和控制。但就城市交通而言，不可能不要交通警察，不可能不加区别地对各类车同样管理，对重要的车队还需要预先清道，即为特殊需要而预留资源，一些重要活动还需要实行交通管制。在互联网中对拥塞特别敏感的业务为保证服务质量也需要预留带宽，这相当于 Intserv 措施。考虑到互联网资源有限，不可能对有 QoS 需求的业务都预留带宽，但可采用优先通过的机制，基于业务类型来区分业务流的优先权高低，对优先权高的业务流可以不排队，可以优先放行，这相当于 Diffserv 措施。现在互联网的改进就是采用了比较朴素的交通处理方式。值得指出的是互联网的流量控制除了上述等级选路和优先级选路外，还需要策略选路，最简单的策略选路是基于轻载设计，即相对于总业务流量，带宽还应有冗余，以便在为高等级和高优先权业务流提供有 QoS 保障的服务同时，也不至于使一般的业务流没有一定的带宽资源可用。

　　为了网络能够理解接入的 IP 包所要求的质量等级

和带宽，引入了控制层，包括QoS的管理系统，由它来感受IP包所需要的业务质量，指挥下层的路由器，来实施相应的带宽管理。

互联网的设计思想是智能设备在终端，网络是傻瓜，网络不了解业务的质量要求。看来以Internet2为代表的NGI仍然沿着这个思路。而下一代网络NGN呢？ITU明确表示要采用互联网的技术，IP或（和）IP友好的协议，但不是它的机理，也就是说不再让网络成为傻瓜，把复杂的功能推给终端，在资源分配和业务传递方面网络必须是主动的和有智能的，不能像互联网那样仅靠终端来实现。现有互联网很大程度寄托在终端的自律上。

在网络安全性方面，传统的互联网是基于终端的解决，由主机安装一些防火墙和杀毒软件，而NGN的网络必须对安全性负起责任。而且不仅负责网络层的安全，还要负责应用层的安全，重视VPN在安全中的应用，在"911"后更强调了合法的拦截和监听的必要性，当然也要考虑保护隐私。

ITU认为NGN可能由若干子集组成，其中有一个PSTN和ISDN的仿真子集。不管网络的发展怎么样，用户打电话的习惯与感觉应该和过去一样，PSTN和ISDN的仿真子集为NGN用户提供在打电话时与在PSTN网同样的感受。

另外NGN还支持IP多媒体协议的子集，即IMS，这

是 NGN 里面很重要的一个子集。IMS 里面有呼叫连接控制功能,还有多媒体网关功能等。从网络架构看,IMS 是叠加在原有电路域和分组域网络之上的网络,是统一的业务控制平台,通过分组域实现信令和用户数据的承载,并可实现与原有电路域的互通。IMS 强制要求使用 IPv6,但最近扩展到可同时支持 IPv4。由于 IMS 采用 SIP 协议,而 SIP 是端到端的应用协议,与接入方式无关,这就为 IMS 同时支持固定与移动业务提供了技术基础,也使网络融合成为可能。IMS 有很多业务上的优势,如支持通用移动性、统一认证的架构、集中用户数据管理等。但是要注意到 IMS 是 3GPP 提议的,而 3GPP 主要是欧洲国家。欧洲国家原来就有 GSM 系统,所以它有大量的 GGSN 和 SGSN。

5. NGN 和 NGI 的关系:竞争还是互补?

NGN 是 ITU 提出的,电信界把 NGN 看成是 21 世纪的网络;NGI 基本上源自 IETF 的背景,计算机界把 NGI 看成是新世纪的互联网。两者追求的侧重点是不同的,但所用的 IP 协议、路由协议是相同的。两者从不同的源点(一个是对电话优化的网络,一个是对数据优化的网络)朝着几乎相同的目标出发。计算机界认为 NGN 是 NGI 的一部分,电信界认为 NGI 是 NGN 的一部分。这样的争论意义不大,关键是看它们之间的区别是什么,它们的共同点是什么。NGI现在还没有统一的定义,只有更大、更快、更安全、更及时、更方便、更可管理、更有效,有点像奥运会的更高、更快、更强,这是一个比较级的目标。NGN有一个比较明朗的定义,即"基于分组的网络,能够提供包括电信业务在内的各种业务,能够使用多种宽带和保证QoS的传送技术,业务相关功能与承载的传送技术无关,赋予用户自由地接入到网络和竞争的业务提供者及选择业务的能力,支持通用移动性和泛在性。"概括起来,是多业务、宽带化、分组化、开放性、移动性、泛在性、兼容性、安全性和可管理性,可以说人们把对通信网想象的所有美好的东西都加到它的身上。我把它说成是最高级的目标,是个完美的追求。那么NGI走什么路线呢?它坚持互联网的三项基本原则:无连接、端到端、尽力而为。在不改变这三项基本原则的情况下可以做一些改进,如源地址的认证、跨域的流控和信令等。NGN明确表示要采用互联网的技术,但不采用它的机理,试图走融合的路。究竟是网络融合还是业务融合?它的UNI用的是IP,核心网用的可能是MPLS,除了IPv6可能还会用别的协议,它是无连接的。但是还辅以面向连接的特性,它发挥终端的智能,但也要加强网络的功能。有人说它搞折中,有人说它是革命。可以说NGI的目标并不太高,但是路线相当明确;NGN的目标很明朗,有远大目标,但还不能一步走得这么完美。

比较起来,大家都是分组交换、IPv6,也可能有别的协议。NGI是无连接,NGN是面向连接;NGI是传送与控制合一,NGN是传送与控制分离;NGI依赖终端的智能,强调分散与自治,NGN强调网络的集中管理和分布智能;NGN重视移动性和泛在性;NGI是基于终端的安全,NGN是基于网络的安全;另外,NGI被称为是一种民主的、自由的建网理念,传统的电信网则是基于集中的建网理念,现在NGN想构建一个既有民主又有纪律和集中的网络,当然是否能够实现以及如何实现目前还不很明朗。以上回顾电信网和互联网的设计理念的演进也可以理解现在的NGN。互联网是基于边缘网的理念,电信网是基于核心网的理念。互联网的目标是基于DNS或上层,IP地址和选路是无关的,选路和应用是无关的,而电信网地址基于E.164编号,根据应用来寻址。由于互联网传数据,所以毫秒级的时延来处理包是不能接受的,而电信网传送电话,所以分钟、秒级的连接建立时间是允许的。互联网不需要全球来连通,抗毁性很好,电信网要全球等级选路,国家之间联网需要事先双边协商。互联网很难控制,但有利于创新,电信网适于集中管理。互联网没有很好的质量保证,主要讲究低成本,电信网有QoS保证。互联网不会因新的应用来改变,电信网对新的业务可能建设新的网络。互联网的网络是傻瓜,对主机的认证只是识别受害者而不是加害者,电信网主、被叫用户的身份是已知的。

　　NGI和NGN两者之间既竞争又发展，技术是互相借鉴的。当然NGI也不是走NGN的必由之路，不过从NGI入手难度要小，按照采用多个业务网综合得到多业务综合网的概念，NGI可以看成是NGN的重要组成部分。电信界往往希望一网打尽，而实际上总是不能一网打尽，因此NGI是出发点但不是归宿点，NGN是归宿点，但如何走到这一目标其路径还不是很明确。

6. 中国下一代互联网

　　中国是全世界最热的试验NGN和NGI的国家，所有的运营商都参与了NGN试验，但目前的NGN试验主要还是软交换。NGI有中日IPv6的实验网、重庆联通信息港IPv6城域示范网、信产部的和湖南电信的IPv6实验网、"863"的3Tnet实验网和中国下一代互联网CNGI示范工程。现在要介绍的是CNGI。

　　中国的CNGI有运营商积极参与，而国外的下一代互联网的试验目前基本上还停留在学术网的阶段。我们的CNGI重视支持QoS的体系和技术的研究，在意对无线和移动业务的支持，以走向商业应用为目标关注网络和业务的可控可管。CNGI项目在国际上第一次提出了鼓励开展旨在促进NGI和NGN在技术方向上的协调和融合的试验，开发支持NGI并有可能向NGN演进的网

信息科学技术集

络软硬件和应用。我们在探索NGI和NGN的融合问题。很多外国公司和专家认为中国有可能在这上面搞出创新的体制或技术，因为中国的网络还在快速的发展之中，在这方面有很好的需求。我们当时为CNGI示范工程设置了6个主干网，因为互联网的主要问题在一个网络的自治域里面还比较容易解决，难题在于跨网，所以我们要试验跨网的互联。另外6个主干网有利于试验不同的技术，给创新更大的空间。6个主干网通过30多个GigaPoP节点连接到北京和上海的交换中心，然后再连到国外的下一代互联网。CNGI通过城域网连到300个接入网或驻地网，100个是"211"的大学，100个是研究院所，100个是重点企业的研发中心。我国6大运营商中的5个都参与了CNGI项目，已基本完成CNGI第一阶段建设任务。CNGI主要节点之间是10G，最低限度也要2.5G带宽。网络可以提供一个很好的试验平台，除了建设网络外，CNGI项目还安排了一批开发和研究以及应用示范子项。

三、网络业务的发展

全世界的移动用户已经超过15亿了，固定用户超过13亿，互联网用户超过8亿。中国的移动和固定用户之和2006年已超过8亿，移动和固定电话的普及率和世界

通信技术的换代发展与新的应用

的平均水平差不多,但互联网的普及率还低于世界普及率的一半。可以注意到在长途干线上的累计通话时长中IP电话已经超过了传统电路交换方式的固定电话和移动电话。目前在长途上IP已成主导。2002年IP电话的比重占了37.2%,2003年占了42.2%,2004年占了46%。传统的长途固定加移动才占了一半,现在已经IP化了。另外一点是宽带化。互联网用户增长很快,2005年7月份统计中国互联网的网民是1.03亿,宽带用户5300万,已经超过了互联网用户的一半。在全球范围内,我们的互联网用户数和宽带用户数是第一位。中国拨号上网用户的数目日益递减,宽带用户数目日益递增。我们的国际干线的带宽也快速增长,五年平均年增245%,但是到2005年中我们的每一个网民分配到的带宽才0.8kb/s,而香港2001年就达到2kb/s。在本地电话里面移动电话所占的比例,在2002年为27%,2003年为33%,2004年为55%,也就是说除了IP化外,可以说已经移动化了。现在移动数据发展非常快,中国移动的短信收入已经占到其总收入的20%。移动短信在十年前没有人想到会有这么火,一个"超级女声"的决赛就有500万条短信,主要是抓住了交互性和参与性。新一代的IMS会带来一键通应用,如集群通信,还有一键通的图像通信,还有丰富的话音、即时消息和呈现业务(Presence)。我们的手机到一个没有信号的地方,打你电话的用户会被告知被叫不在服务区。有时候在服务区但不想接听某人的电话,不接又不礼貌,怎么能伪造不在服务区的情况呢?呈现业务就可以做到这一点。另外还有白板通信等。

利用Web可以生成和配置电信业务。每一个人每天都要接很多电话,有些电话不知道该接不该接,有些不想接但也没有办法,要区别一下谁打来的。领导打来的要接,家里打来的、大客户打来的也要接,但有时在开会不方便接电话,其他人打来的看其重要性决定是否接听。另外要区别怎么接,用手机接听还是用短信,还是转到E-Mail等,有很多方便的方式可以利用。

下面谈谈宽带业务。前面我们说过到2005年上半年我国宽带用户已经达到5300万,这个数字已经超过了中国联网的计算机数目,很快就会超过中国计算机的保有量。很难设想PC宽带还会进一步的发展。可是电视机的普及率是非常高的,能否把电视机变成宽带终端呢?这是可以的,可以把家庭里面很多的电器联网,不止是娱乐,办公、安全都可以应用,这是一个很好的应用。现在出现了IPTV。传统的广播电视通过广播传送,使用的是模拟的信号,数字电视信号经过机顶盒的转换仍然可以用普通电视机接收;现在的IPTV是通过电信网或互联网传送的,当然普通电视机也需要机顶盒才能接收IPTV。IPTV与网络电视的区别在于它基于可管理的IP网传送而不是普通的互联网,只有这样才能提供保证性能的电视。IPTV的好处是可以实现双向的交互,支持广播与点播,具有时移功能,在IPTV上还可以提供很多增值服务。IPTV和网络视频并不仅仅用于传送电视节目,互联网上的视频应用类型很多,娱乐是挡不住的诱惑,2004年美国的网络游戏收入是99亿美元,而同期的好莱坞电影收入是94亿美元,网络游戏已经超过了电影,此外还有网络新闻、网络购物、实时交通流量显示等,总之宽带视频是互联网一个很重要的应用。

移动业务在电信业务中的分量越来越重。在日本能上网的手机数占移动用户数的90.5%,韩国为87%,中国为30.9%,而英国才9.3%。这是一个非常奇怪的现象,东方的网民使用手机上网的比例高于西方。还可以注意到,在中国什么地点都可以旁若无人地打手机,而外国还是讲究打电话的场合,所以中国手机使用的频繁程度高,还有追求手机时尚性的嗜好。还有一个值得注意的事项,中国移动提供的彩铃业务,现在已经有5000万用户。用户每月交5元钱,同时每下载一首歌还要交钱,下载的歌曲是中国唱片公司的,下载后中国移动将收入分成给唱片公司。中国唱片公司从中国移动彩铃得到的分成比自己卖唱片的收入高得多。这样对唱片公司很好,没有盗版而且用户只下载一首歌曲的一小段。可见网络可以代替我们的很多媒体以及传统的销

信息科学技术集

售渠道。这种取代是很自然的。十年前,我们家里的电视机都是用无线方式接收,家里的电话都是有线的。曾几何时家里的电视变成有线的,家里的电话变成无线的。无线有很多应用,可以看电影、听MP3,还可以定位、导航、小额购物等。有人说出门不要担心忘记带钱包,但千万不要忘记带手机,手机的SIM卡、UIM卡就是用户的个人身份,用户的移动电话交费状况也是用户的信用记录,从这一意义上说手机等效信用卡。

我们现在讲移动都是终端移动。我们拿终端走到哪里去,实际上是终端在移动。如果说在汽车里面有个路由器,汽车里面所有的终端相对于路由器来说都是静止的,要移动的是这个路由器相对于外面的网络,这叫网络移动。比如自行车后座有个IPv6传感器,在车中间放置一个移动路由器,在车的前部有个PDA和数码相机,这辆自行车就是一个无线网络。嵌入式的电子设备发展很快,它也可以穿戴在人身上,原来说人在网络之中,现在网络在人之中。

无线除了现在发展比较多的移动通信以外,广播电视也在发展,除了有线数字电视外,数字电视地面无线广播、卫星广播以及手机数字电视纷纷出现,我国也都有计划在近期开展这些业务。将来你手上拿的手机,除了烤箱、电冰箱和微波炉等不能加进去之外,其他的可手持的家用电器的功能都可以加进去,例如照相机、录像机、MP3/MP4、掌上电脑。无线局域网是另外的一个发展方向,如 WiFi、WiMax,会跟包括家庭个域网在内的移动通信很好地融合。

下面再谈泛在网的应用。RFID(射频标签)是个芯片,非常小,可以用于防伪和身份认证,有利于工业部门进行库存的统计,减少人力的消耗。全球最大的超市沃尔玛的全部上万个供货商已于 2006 年 1 月都使用了 RFID,将其贴在容器和货盘上。随着 RFID 成本的下降,所有商品的条码都会被代替,它里面的信息量比条码多得多。尽管很多人说宽带是为富裕的家庭设计的,宽带主要用于娱乐,实际上不完全是这样。一般的家庭也需要宽带,中国城市很快进入老龄社会,中国独生子女的家庭比例很高,对家庭老人和孩子的照料成为很重要的问题,居家的安保也是大家所关心的。可以用传感器、摄像头等在家里部署一个安全监控的网络,通过该网络将异常情况的图像或信息送到小区的保安或通过互联网和移动通信送给家庭的主人或监护人。家庭的主人或监护人也可以输入密码获得接入自己家庭的许可以调用家中传感器、摄像头的信息。传感器更多的应用是在工业部门,它虽然功率很小,但可以通过接力接入到某个节点上,然后再连接到网上,此外在环境检测、灾害预防等方面也很有用处。例如可以通过传感器实时地监测交通的流量,查看哪些地方阻塞。还可以对降水进行监测,查看哪些地方降水丰富,哪些地方降水稀少。通信本身是个以人为本的东西,它完全可以用到人类能够想象到的为人服务的方方面面。

我们现在大量用的是人到人之间的通信。实际上将来有大量的机器,之间可进行通信,例如汽车走在马路上,坐汽车的人没有打电话,但是汽车不断地和加油站、路口、旁边的无线基站以及相邻的车通信,可以实现实时的交通管理。日本的移动通信公司 NTT DoCoMo 估计,他们的移动终端数将达到日本人口数的3倍,可以将移动或无线终端放在所有要管理的东西上面,当然只要需要也可以用于管理宠物。

另外值得一谈的是 Peer to Peer,它没有采用传统互联网的客户/服务器的体系,主机之间不需要通过服务器就可彼此交换信息。传统的主机上网都需要访问服务器,装有热门电影的服务器同时可能被成千上万的主机访问,服务器对每一个主机重复发送同样的节目,服务器的容量以及其与网络连接的带宽是瓶颈。现在主机的能力越来越强,宽带接入越来越普遍,有无可能不通过服务器实现信息的交换呢?在P2P方式中,每一个主机只访问服务器的很小一部分,一千个都希望下载同一个热门电影的主机中的每一个只从服务器取千分之一的节目,剩下的彼此交换。所以同时上网访问同一内容的终端越多,它的速度越快,下载的流量就快。P2P非常适合共享文件、内容分发、实时通信等，在这个意义上P2P成为网络带宽消耗的主流。在美国2004年P2P的业务量已经占到了干线业务的72%，上网浏览只占了9%，E-Mail只占了2%。通常的电信运营商讨厌P2P，因为宽带商业模式往往是包月，用户一上网就一直挂着，就不断地下载电影和MP3，运营商网络带宽消耗很快但不增加收入。运营商想管理P2P，例如通过识别业务流的方法来限制P2P流量，但目前缺乏法律依据，有的运营商另建一个新的IP网以支持VIP等用户，以免P2P影响大客户的服务质量。

最后，信息技术的更新速率越来越快，电信业务的发展推动网络技术的演进。从IPv4到IPv6，从NGI到NGN，从2G到3G，通信网面临一个新旧技术并存和过渡的时期，有前所未有的创新空间。网络技术的换代对中国通信技术的发展是个难得的机遇，当然在电信的标准和专利方面我们面临着严峻的挑战，在ITU的标准里面由我们提出的只占到千分之几，如TD-SCDMA、MSR等。在电信技术上我们还有很大的差距，我们还面临着很大的挑战，需要抓住网络技术换代的机遇，用信息化带动工业化，用信息化应对全球化，为我们国家以及西部经济的可持续发展增添活力。

下一代网络

陈俊亮

一、光通信基本原理与全光网
二、第三代移动通信系统
三、下一代互联网
四、下一代网络

【作者简介】陈俊亮,通信与信息系统专家。1933年10月出生,浙江宁波人。1955年上海交通大学电讯系毕业。1961年在苏联莫斯科电讯工程学院获副博士学位。1979—1981年为美国加州大学伯克利分校与洛杉矶分校访问学者。1994—1998年任国家自然科学基金委员会信息学部主任。北京邮电大学网络与交换技术国家重点实验室教授。在20世纪60年代是有线600／1200波特及无线600波特数据传输设备的主要研制者之一。20世纪80年代参与"DS-2000程控数字电话交换机"的研制,建立了程控交换机诊断的基本理论。承担"DS-30程控数字电话交换机"及"程控交换软件单元测试系统"等数项"七五"攻关项目,提出了程控软件测试与维护的新方法。20世纪90年代率先从事智能网的研究工作,其成果已形成产业化并在国家电信网中得到广泛应用,在智能网的软件结构、业务生成、过载控制等方面提出了新方法。曾获国家"科技进步奖"一、二、三等奖。

1991年当选为中国科学院学部委员(现称院士),1994年当选为中国工程院院士。

网络包括电信网络、计算机网络与有线电视网络。网络是一个国家的重要基础设施,国家的政治、经济、军事、科技活动的正常运行,没有一刻可以离开网络,广大人民群众的日常生活、相互交往,以及信息获取、娱乐等都与网络密切相关。我国现在已有电话用户约8亿5千万,其中移动手机用户约4亿8千万,是世界上最大的电信网络。计算机上网用户数已达到1.37亿,有线电视用户数达到1.3亿户占世界的1/3。因此,网络技术关系国计民生,是国家综合国力表现的一个重要方面。

一、光通信基本原理与全光网

光通信以其容量大、可靠性高而毫无争议地成为网络信息传输的基础。其基本原理立足于光纤的传输性能(图1)。光纤在1200～1600nm波段区间具有较好的光信号传输能力,除去1400nm左右的高衰减峰外,形成1260～1360及1480～1580nm两个可用波段。当前广泛得到应用的波分复用光通信系统,就是把这两个波段划分为很窄的波长,每个波长形成一定的通信容量(图2与图3)。多个输入信号源经不同波长光源调制,通过波分复用器使其整合为一整个波段,通过光纤传至对方再经过解复用,由光检测器恢复为原来的电信号。由于光信号在传送中会逐步衰减,为了达到长距离传输的目的,

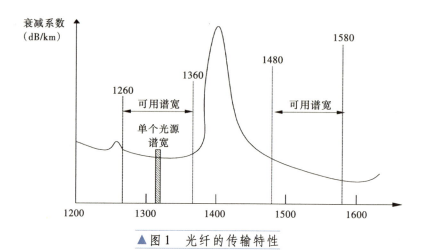

▲ 图1　光纤的传输特性

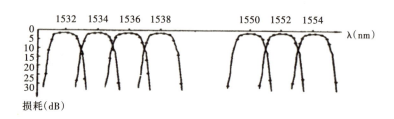

▲ 图2　波分复用原理

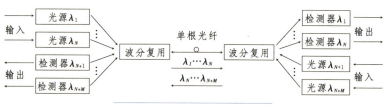

▲ 图3　波分复用通信系统

▲ 图4　长距离光通信原理

每隔一定距离需要通过掺铒光纤放大器A将其恢复,这样就形成了长距离的光通信系统(图4)。

目前,我国已研制成每个波长传输能力达到40Gb/s(即每秒传输$4×10^{10}$比特,一路话音仅需每秒64000比特,1比特表示一个0或1的二进制数),总共有80个波长,因此每根光纤的总传输能力达到3.2Tb/s(Tb代表10^{12}比特)的光通信系统。

为了组织全国的光通信系统,我们需要在通信的枢纽节点按需要将各个方向来的光信号进行必要的分配与调度,目前我国采用的分配调度系统由电子设备完成。这样就出现了在光通信系统中不断出现光——电——光的转换。如果我们在通信枢纽节点的分配调度也能用光设备(光交换节点),这样构成的通信网称为全光网,这是传输网络发展的方向。

一般中、大容量的光交换节点采用MEMS(微机电系统)技术,其原理如图5所示。图5由两部分构成,一部分由两个相向的平面组成无阻塞交换,另一部分为波长变换器组。前一部分的详图见图6,每一平面由N个镜

信息科学技术集

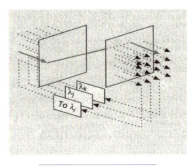 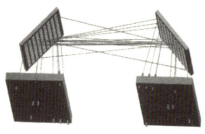

▲ 图5　光交换原理　　　　▲ 图6　交换平面示意

子(代表N路交换)构成,依靠镜面的微动,可将任意一路输入光交换至任意一路输出。

要使全光网高效运行,必须在各个通信枢纽点实施快速调度与分配,在系统出现故障时能实施快速倒换,这个任务由自动交换光网络设施ASON完成。ASON由三个平面组成(图7):传送平面为由多个枢纽的光交换器组成,提供光信号的传送网;每个光交换器有一个相应的控制器OCC,它完成对光交换器的控制,多个OCC通过计算机网形成一个独立的网络,用于交换各个控制器的信息,这样就形成了一个控制平面。ASON的管理平面完成对整个ASON系统的管理,并可接受人机命令以完成一些特定的调度与连接。

我国在宽带高速传输网络研发方面的进展较集中地展示在科技部组织的3T-Net计划中。3T指的是Tb/s的传输带宽,Tb级路由器以及Tb级智能交换光网络ASON,这是一个能支持大规模并发流媒体业务和交互

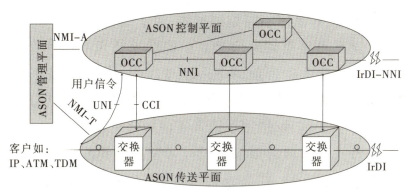

NMI-A：管理平面的网络管理接口　　NMI-T：传输平面的网络管理接口
OCC：光连接控制器　　CCI：连接控制接口　　UNI：用户—网络接口
ASON：自动交换光网络　　NNI：网络—网络接口　　IrDI：域间接口
IrDI-NNI：网络间的域间接口

▲ 图7　ASON 的构成

式多媒体业务的高性能宽带信息示范网。

二、第三代移动通信系统

　　无线通信系统需要解决多个用户共用有限的频率资源，有三种共享方式：频分复用FDMA，即用划分不同的频率来代表不同使用的用户，20世纪80年代第一代模拟移动通信系统就采用这种方式；时分复用TDMA，用不同的时间段代表不同的使用用户，目前中国移动提供的GSM网络就采用这种方式；第三种称为码分复用CDMA，用不同的编码（称为伪随机码）来对用户的信号进行调制，在接收端如果用相同编码实施解调，则可恢复

信息科学技术集

原来信号,如果用不同编码解调,由于编码间存在"正交性",就不可能得到原信号。中国联通公司的C网就用了CDMA技术。目前的TDMA与CDMA制式均属于第二代数字移动通信系统。第二代移动通信系统,其带宽为十余千比特/秒,适用于语音通信和低速数据传送。

第三代移动通信系统设计带宽在静止或低速移动时为2兆比特/秒,在高速下为384千比特/秒,因此它不仅可以用于通话,还可用于上网、传送图像与视频,因而有更广阔的应用前景。目前国际上公布了三个第三代移动通信系统的标准,即欧洲的WCDMA标准,美国的CDMA2000标准和由我国提出的TD-SCDMA标准。后者是我国在通信系统标准上的重大突破,具有十分重要的意义。

TD-SCDMA系统充分利用后发优势集成当时国际上在无线通信中的一系列新技术,实施集成创新,因而具有许多优点:它采用时分工作方式,支持上下行不对称的数据业务,上行信号采用同步方式以简化移动通信中的基站硬件并降低其成本。它使用智能多天线技术以降低干扰和提高系统容量,它应用了软件无线电技术以实现复杂的数字信号处理工作等。

在第三代移动通信系统上,我国的科学家还曾提出另一种具有较强创新性的系统称为LAS-CDMA,其关键在于创新性地找到了一组特殊的伪随机码,其"正交性"

是如此之好，使之在用原来码解调时，可以恢复理想的原信号，并在邻近域不产生干扰，而用其他码解调时在一定范围内可以无任何干扰，称之为"零干扰区"。由于编码本身所带来的干扰小的特殊优点，使其在系统实施上可以得到很大的简化，因而就具有了一系列的优势。但由于该系统提出较晚，已无法被接受为国际标准，也由于一系列的其他原因，此系统最总未能得到实际应用。

国际上各个发达国家早已开始了第四代移动通信系统的研究。第四代的主要设计指标是其通信容量达到三代系统的10倍，最高传输速率为50～100兆比特/秒，而系统成本要低于三代系统低的1/10。我国在四代的研发上也做了大量的工作，科技部领导实施的Future计划就是其中的一项。

三、下一代互联网

互联网设计的初衷是为计算机之间的通信服务，由于其采用的通信协议为TCP/IP，因此也称为IP网。IP网由局域网LAN，城域网MAN和骨干网或广域网WAN组合构成（图8）。LAN通常是用户计算机的接入网络，其范围一般为一个学校或企业，MAN用以连接城市内的所有局域网，而各个城市间则用WAN相连接。

信息科学技术集

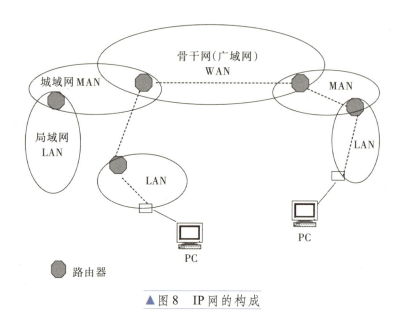

▲ 图8　IP网的构成

从一个用户计算机向另一个计算机发送信号方式十分类似于信件的邮递方式:首先其信号需包装成信头与载荷,称为一个分组数据包或简称数据包,相当于一封信的信封与信纸。信封上需写明收信人、发信人的地址,同样信头中包括发送本次信息的发送计算机与接受计算机的地址;其次,信件传递方式是根据收信人地址在各地邮局逐级转发,IP网也是根据信头中的地址信息通过LAN、MAN、WAN等直至到达对方计算机。

数据包特别是其信头的格式称为协议。现在用的协议称为IPv4。IPv4中无论是源(发送者)地址还是目的(接受者)地址均用32比特表示,因此IPv4协议的最

下一代网络

大用户数为 2^{32}。随着各种电子设备网络化的速度加快以及原来IPv4协议地址分配的严重不合理,地址资源严重不足,因此20世纪90年代提出了IPv6协议。与IPv4相比,IPv6的最大地址数达到 2^{128},这就彻底解决了地址资源不足问题。除此之外,IPv6协议在支持终端计算机的移动性及流媒体业务方面有较大改进,对于安全性方面也有所提高。我国十分重视IPv6网的建设,中国已建成世界上规模最大的IPv6网络CERNet2(中国教育科技网),在IPv6网络技术的研发与应用上也取得了很大进展。

在IP网中将数据包根据地址信息逐级转发,最后送达至接受者的关键设备是路由器,由于在骨干网中数据以极高的速度传送(一般达到10Gb/s),其所包含的大量数据包的包头必须予以实时的解析,以便在极高的速度下将各个数据包送往正确的方向。路由器的原理框图如图9所示。路由器中有多个线路卡,它配置网络的物理层接口,其作用是从输入数据流中分离出数据包及包头,并将其转给转发引擎以做后续处理。转发引擎的作用是按照包头内的源与目的地址,根据网络情况所设置的路由表快速查找下一跳地址,重写地址,并发送至相应的输出线路卡。交换网络起到输入与输出间的交换作用。网络处理器负责运行网络协议,并根据网络情况计算与更新路由表。我国在高速路由器的研发上近年

来取得了较大进展,IP网中的路由器基本上可做到自给。

必须指出,"三网合一"(即电信网、互联网与有线电视网的融合)究竟以哪一个网为基础,经过20世纪90年代的激烈争辩,目前已基本达成共识,即"三网合一"的基础是IP网。主要原因是,首先,IP网的数据包可以承载任何信息,不但可以输送数据,也完全可以传送话音、图像与视频信号。其次,以电话通信为例,在电信网中为传送话音需要占用64kb/s(每秒64000比特)带宽,并且在整个通话期间不管双方用户是否在讲话,这个带宽都要占用。如果用IP网传送话音,首先需要将话音信号转换为数据流,在目前话音编码器的技术水平下,在保证话音的高质量条件下,其码流速率不超过8kb/s。此外,考虑用户通话时的间隙不需要传送数据,因此整个带宽可以节约90%以上。当然,用IP网传话音(称之为VoIP业务)需要有包头的开销,此外,IP网的质量与安全

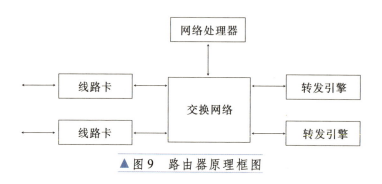

▲图9 路由器原理框图

以及可管理性目前都不如电信网,这也是需要考虑的问题。

四、下一代网络

如上所述,IP网将是下一代网络的基础,下一代网络将采用软交换来取代目前电信网中广泛使用的程控交换机。软交换在下一代网络中的地位与作用如图10所示。图中软交换位于IP网中,是IP网的核心设备。PSTN/ISDN代表本地电话网,PLMN代表本地移动网。无论是电话网或移动网有用户需要通话时,如果这些呼叫是本地呼叫,则就在相应网内接通,如为长途或国际呼叫,则呼叫信号通过电信网的7号信令系统SS7信令网送至IP网的信令网关,并将呼叫用户的相关信息(如主叫号、被叫号等)转送软交换。如前所述,话音信号通过IP网时,必须将其转换为数据包格式,此项工作由图10中的媒体网关完成,包头中的源地址与目的地址均由软交换所获得的用户信息转换而成。以后,由话音构成的数据包的传送完全由IP网中的路由器完成,直到该数据包抵达目的地的IP网出口时,再由该地的媒体网关转换为语音信号,并通过软交换机及信令网关将包头中的目的地址转为被叫用户号,转发至当地的电话网或移动网进行最后的接续。

从上述过程可以看出，软交换机与相应的媒体网关、信令网关配合，主要完成信令的控制、转发与转换等功能，而在IP网中信号的转发实际由路由器完成。软交换设备与电话网中的程控交换机不同，它并不具备真正的交换机等硬设备，它实际上完全由软件构成，软交换也因此而得名。图10边各种服务器与数据库与软交换机相配合可提供多种增值服务及网络管理与计费功能。通过综合接入网关可接入工作于IP网的小交换机及其他终端，图中的MGCP、SIP与H.323终端可用于IP网的电话与视频等终端。

我国在下一代网络的建设上也取得了长足的进步。例如中国电信近年建成的CN2网就是一个例子，CN2网覆盖了全国约200个城市，以及三大洲9个城市，

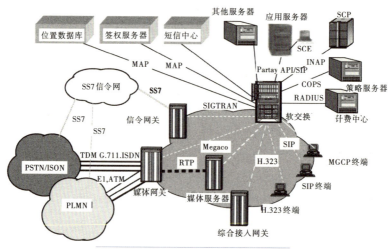

▲ 图10　软交换在IP网中的地位

包括200台软交换机,865台路由器构成一个大型网络,骨干网总交换容量达到152T,接入此骨干网的各种业务网的总容量为64T,并提供QoS(业务质量控制)、IP/MPLS(在IP网中结合路径选择与交换)、组播(一个或一组数据包同时发至多个用户)、安全、集中网络管理以及配备IPv6协议等多项功能,它是迄今世界规模最大、构成最复杂的单域骨干互联网。

  自改革开放以来,我国在网络建设、发展规模上处于国际的前沿,在科技的研发上也取得了显著的进步,但是在网络科技领域的总体上与世界先进水平还有差距,具体表现在具有自主原创性的思想、原理、设备、系统等还不多。我们衷心希望有志于网络理论与技术的广大科技工作者,特别是年轻人共同努力奋斗,争取在不远的将来,让我国的网络科技有一个跨越式的进步。

广义空间信息网格和狭义空间信息网格

李德仁

一、网格技术——互联网的第三次浪潮
二、广义空间信息网格
三、狭义空间信息网格
四、结束语

【作者简介】李德仁,摄影测量与遥感学家。江苏镇江丹徒人,生于江苏泰县。武汉大学教授,曾任测绘遥感信息工程国家重点实验室主任,现为测绘遥感信息工程国家重点实验室学术委员会主任。原武汉测绘科技大学校长。德国斯图加特大学博士。国际欧亚科学院院士。曾任中国测绘学会理事长,中国图像图形学会副理事长、中国地理学会环境遥感分会副理事长。20世纪80年代,主要从事测量误差理论与处理方法研究。1982年,他首创从验后方差估计导出粗差定位的选权迭代法,被国际测量学界称为"李德仁方法"。1985年,他提出包括误差可发现性和可区分性在内的基于两个多维备选假设的扩展的可靠性理论,科学地"解决了测量学上一个百年来的问题"。该成果获1988年联邦德国摄影测量与遥感学会最佳论文奖——"汉莎航空测量奖"。20世纪90年代,主要从事以遥感、全球卫星定位系统(GPS)和地理信息系统(GIS)为代表的空间信息科学与多媒体通信技术的科研和教学工作,并致力于高新技术的产业化发展。他在高精度摄影测量定位理论与方法、GPS空中三角测量、SPOT卫星像片解析处理、数学形态学及其在测量数据库中的应用、面向对象的GIS理论与技术、影像理解及像片自动解译、多媒体通信等方面都有独到建树,其成果直接推动了技术进步,并已向产业化方向发展。领导研制了吉奥之星GIS系列产品、方略视频会议系列产品和立得三S汽车道路测量与导航系统等高科技产品。发表论文700余篇,出版专著11部;培养硕士生80多名、博士生120多名。其成果有10余项获得国家及部委级科技进步奖、全国优秀教材奖、全国优秀教学成果奖。曾任国际摄影测量与遥感学会(ISPRS)第Ⅲ委员会主席(1988—1992年)和第Ⅵ委员会主席(1992—1996年)。

  1991年当选为中国科学院院士。1994年当选为中国工程院院士。

广义空间信息网格和狭义空间信息网格

广义空间信息网格指的是在网格技术支撑下空间数据获取、更新、传输、存储、处理、分析、信息提取、知识发现到应用的新一代空间信息系统。狭义空间信息网格则是指在网格计算环境下的新一代地理信息系统,是广义空间信息网格的一个组成部分。

◆ 一、网格技术——互联网的第三次浪潮

网格(grid)是近年来逐渐兴起的一个研究领域。网格技术将各种信息资源(内容)连接起来,可以更有效地利用信息资源。

对网格的研究工作分为三个层次:计算网格、信息网格和知识网格。计算网格是网格的系统层,它为应用层(信息网格、知识网格等)提供系统基础设施。信息网格研制一体化的智能信息处理平台,消除信息孤岛,使得用户能方便地发布、处理和获取信息。知识网格研制一体化的智能知识处理平台,消除知识孤岛,使得用户能方便地发布、处理和获取知识。

网格技术研究工作主要涉及网格计算、信息网格和网格服务等方面。

网格计算(grid computing)通过网络连接地理上分布的各类计算机(包括机群)、数据库、各类设备等,形成对用户相对透明的虚拟的高性能计算环境,它的应用包

括分布式计算、高吞吐量计算、协同工程和数据查询等。网格计算被定义为一个广域范围的"无缝集成和协同计算环境"。

信息网格是要利用现有的网络基础设施、协议规范、Web和数据库技术,为用户提供一体化的智能信息平台,其目标是创建一种架构在OS和Web之上的基于互联网的新一代信息平台和软件基础设施。在这个平台上,信息的处理是分布式、协作和智能化的,用户可以通过单一入口访问所有信息。信息网格追求的最终目标是能够做到服务点播(service on demand)和一步到位的服务(one click is enough)。信息网格的体系结构、信息表示和元信息、信息连通和一致性、安全技术等是信息网格研究的重点。

网格研究主要以美国和欧洲为首,尽管网格技术还远不如互联网和Web技术那么成熟,但却已有政府、公司和研究所进入了试验或使用阶段。其中英国政府已投资1亿英镑,用以研发"英国国家网格"(NK national grid);美国政府用于网格技术的基础研究经费则高达5亿美元。2000年2月,美国国防科技局特别小组正式提出全球信息网格GIG(Global Information Grid),并以"勇士"C4I计划为基础进行开发,列入正式计划,预计在2020年完成。GIG企图实现计算机网、传感器网和武器平台网的聚合优化,面向不同层次的用户提供其所需要的信息,过滤不需要的信息,并逐步形成该用户所需要的知识,对决策的形成起辅助作用。作为该计划的一部分,美国海军陆战队另外推动一项耗资160亿美元、历时8年的项目,包括系统研发、制造、维护及升级等。美国能源部的山地亚国家实验室也宣布,他们的"先进战略运算创新计划网格"将用于核武器研究。此外,美国国防部与欧洲能源机构等都已先后开始采用网格技术。网格的应用范围涉及美国诸多领域,能源、交通、气象、水利、农林、教育、环保等都对高性能运算网格及信息网格有迫切的需求。

产业界已经在大力推动这一工作,包括惠普公司的 e-Speak 和 e-Service、IBM 公司的 Web Services、微软公司的.Net 以及太阳微系统公司的 Open Net Environment (Sun ONE)。这些公司已经在使用 XML、SOAP、UDDI 等标准接口方面达成共识。

在国内,中国科学院计算技术研究所对网格技术的研究已较为深入,他们研究的项目称为织女星网格,研究工作分为三个层次,即计算网格、信息网格、知识网格。

在网格的体系标准方面,国际上有一个非常大的组织 OGSA(Open Grid Services Architecture)制定网格服务体系标准。OGSA 已经成为国际上公认的标准,IBM 在倡导推广。另外还有一个全球网格论坛 GGF(Global

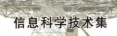

Grid Forum），是一个独立从事研究、开发、发布和支持有关网格活动的组织。网格论坛里已经有很多单位都围绕OGSA来进行研究和应用。

通过以上的讨论，可以概括地讲，网格是什么？网格是构建在互联网上的一组新兴技术，它将高速互联网、计算机、大型数据库、传感器、远程设备等融为一体，为科技人员和普通老百姓提供更多的资源、功能和服务。互联网主要为人们提供电子邮件、网页浏览等通信功能，而网格则能提供更多更强的功能，它能让人们共享计算资源、存储资源、数据资源、信息资源、知识资源、专家资源和其他各类资源。

网格是一种基础设施，资源共享是它的基本特征，而网格计算则是在多个机构组成的动态虚拟组织（VO，Virtual Organization）间实现协作式资源共享和问题求解。网格计算是一种全新的软件结构，它能有效地组织大量的低成本的模块存贮体和服务器创建一个虚拟的计算资源，透明地、分布式地、有效地利用这些资源，任何一个网格点均能共享存贮、计算、数据库、基于位置的应用服务等功能。目前，网格计算技术在仿真学、医学、地学、生物科学、军事等众多领域得到了应用，取得了传统分布式技术难以达到的效果。

利用网格计算技术，不仅可以解决以上问题，而且可以最大限度地整合虚拟组织里的各种资源，为数据的管理和问题的求解提供非凡的服务质量(QoS, Quality of Service),为社会各行各业提供前所未有的、功能巨大的资源共享和信息服务。

二、广义空间信息网格

1. 问题的提出

人类生活在地球的四大圈层(岩石圈、水圈、大气圈和生物圈)的相互作用之中,人类的活动范围可涉及上天、入地和下海。这种自然的和社会的活动有80%与其所处的时空位置密切相关。为了获得这些随时间变化的地理空间信息,20世纪70年代以来,随着信息技术、通信技术、航空航天遥感技术、导航定位技术的飞快发展,形成了以全球导航定位系统(GNSS)、遥感系统(RS)和地理信息系统(GIS)为核心的地球空间信息学(Geospatial information,或称Geomatics)。

国际标准化组织(ISO)对地球空间信息学下的定义为:"地球空间信息学是一个现代的科学术语,所涉及的是空间数据的采集、量测、分析、存贮、管理、显示和应用的集成方法",属于现代空间信息科学与技术。

图1形象地表示了地球空间信息学的组成。

从图1中可以看出,从理论上来说,地球空间信息学可以回答何时(when)、何地(where)、何种目标(What ob-

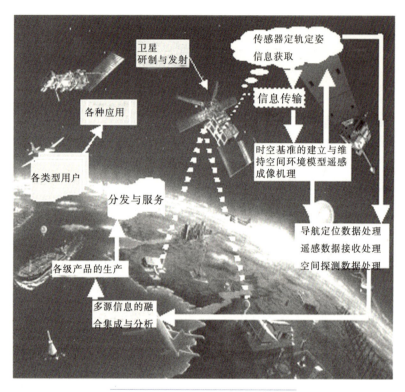

▲ 图1　地球空间信息学的组成

ject)发生了何种变化(What change)。但目前地球空间信息系统尚未达到网格技术所设想的无缝集成和协同计算的境界,所以尚达不到上述4W的目标。主要的问题在于:

(1) 数据—信息—知识—应用服务的流程是串行的。各类传感器只是以点方式(卫星导航定位系统)或面方式(各类航空航天遥感系统)进行数据采集,一般不

广义空间信息网格和狭义空间信息网格

具有在轨数据处理和实时计算功能;信息处理单元一般以单机和人机交互方式工作;数据挖掘与知识发现尚处于起步阶段;应用服务是孤立的或专一的而不是网络化智能服务。

（2）各类对地观测卫星资源的开发利用和共享程度低,数据处理、信息提取和知识发现在理论和算法上尚有很大的难度,造成数据海量,信息不足,知识难觅。

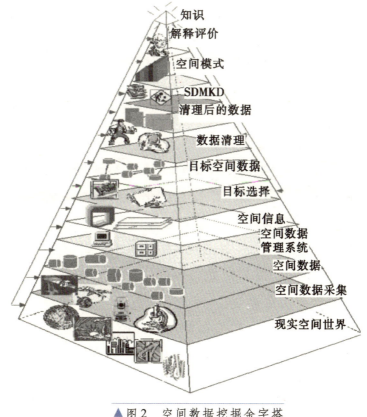

▲ 图2　空间数据挖掘金字塔

(3) 对地观测系统通常是孤立的,按专业区分为气象卫星、环境与灾害卫星、资源卫星、海洋卫星、测图卫星、导航定位卫星和军用卫星等类型,缺少以用户导引的多平台、多传感器、多分辨率、多时相数据的整体集成与融合。

(4) 地球空间信息系统与通信网格的集成度较低,未形成面向应用的实时卫星调度、数据集成、信息自动提取与灵性服务一体化的网格体系。

于是网格技术与地球空间信息技术的融合与集成作为一个突出的问题便提出来了。这种集成与融合促成了广义空间信息网格的产生。

2. 广义空间信息网格的定义与任务

综合上述网格技术发展的特点和地球空间信息学面临的问题,我们给出广义空间信息网格如下的定义:

广义空间信息网格指的是在网格技术支持下,在信息网格上运行的天、空、地一体化地球空间数据获取、信息处理、知识发现和智能服务的新一代整体集成的实时/准实时空间信息系统。

建立好广义空间信息网格所面临的任务是:

(1) 借助天、空、地各类传感器,实现全天候、全天时、全方位的全球空间数据获取。

(2) 借助由卫星通信、数据中继网、地面有线与无线计算机通信网络组成的天地一体化信息网格,实现从传感器直到应用服务端的无缝交链。

(3)在广义空间信息网格上实现定量化、自动化、智能化和实时化的网格计算,实现从数据到信息和知识的升华。

(4)通过广义空间信息网格对各类不同用户提供空间信息灵性服务,将最有用的信息,以最快的速度和最便捷的方式送给最需要的用户。

3.广义空间信息网格的基本组成

能够完成上述任务的广义空间信息网格,至少需要以下四个系统组成。

(1)智能传感器网络(Smart Sensor Web)

绝大多数的天、空、地传感器一般是专门用来进行数据采集的,并将原始数据传送至计算机接收系统,再由相应的数据处理系统进行数据处理和信息提取,最后才能提供给用户和回答用户提出的问题,但它不可能满足实时用户的需求。

随着传感技术,计算机硬、软件技术,网络通信(包括无线和移动通信、卫星通信等)技术的进步,在上述网格技术和网格计算环境下,未来的传感器将构成价廉的、大中小型相结合的、无处不在的、接触或非接触的智能传感器网络。

信息科学技术集

加拿大约克大学的陶闯博士对智能传感器作了较系统的分析。他曾引用 Neil Gross 上题为"地球将附上一层电子皮"的文章,对传感器网络作了如下的说明:"在下一世纪(即21世纪),行星地球将附上一层电子皮。它用互联网作为骨架来支持和传输各种感知。这张皮被缝合在一起,它由上百万个嵌入式电子测量器件组成,包括恒温计、压力计、污染检测仪、摄影机、麦克风、葡萄糖传感器、各种心电图机和脑电图机等。它们将测量和监测城市和濒危物种、大气、舰船、公路和运输车队、人们的对话、身体乃至我们的梦境。"

陶闯博士描述了智能传感器网络的概念框架,想要实现智能化,它必须是可互操作的、智能的、动态的、灵活的和可度量的。

从广义空间信息网格的需要看,我们认为智能传感器网络应当具有以下功能特点:(1)它是一个无处不在的、接触或非接触的、具有数据采集和通信功能的传感器网络;(2)它具有一定的在轨数据处理功能,以满足实时用户对数据加工、信息提取的实时要求;(3)智能传感器网络应融入全球计算机信息网格,能根据用户需求的不同级别,合理地调配其资源,实现灵性服务。

(2)基于网格计算的多传感器"数据—信息—知识"的智能处理系统

对地观测多传感器网络提供的数据是海量的,从TB

广义空间信息网格和狭义空间信息网格

级到PB级。对这些数据需要进行预处理和精处理,需要提取其语义和非语义信息,也需要从大量的数据中挖掘出智能信息处理和用户需要的知识。

目前对地观测所存在的一个突出问题是:"数据海量、信息不足、知识难求。"利用网格技术进行网格计算为解决这一问题带来了新的机遇。为此需要在网格计算环境下解决:

——在统一时空基准下自动地、实时地确定各类传感器的空间位置和姿态;

——由各类接触和非接触传感器所获取的数据求解目标物理和几何特性的数学模型和一体化解求方法;

——多平台、多传感器遥感影像网格计算与信息提取的智能方法;

——多源海量空间信息集成融合和空间信息的实时更新;

——空间数据认知模式以及从海量空间数据库进行数据挖掘以发现用户需要的知识。

解决这5个方面的问题需要从时空基准、遥感成像机理、模式识别、计算机视觉及数据挖掘等诸多方面取得突破,以实现几何与物理方程的整体反演求解,才能实现定量化、自动化和实时化。

(3) 适应于网格计算环境的新一代地理信息系统(即后面要讲的狭义空间信息网格)

信息科学技术集

　　众所周知,地理信息系统是以采集、贮存、管理、分析、描述、显示和发布与空间地理分布有关数据并能回答用户一系列问题的空间信息系统。上述的智能传感器网络所采集的各类原始数据,经由数据处理、信息提取后,就成为GIS的空间数据库,所发现的知识与其他知识一起就成为智能GIS的知识库。

　　GIS作为空间数据和空间信息在计算机中的存储、表达、分析和应用的信息系统,已经从建单个系统走向了网络:Web-GIS和Mobile-GIS。下一步必然要走向Grid-GIS,以充分发挥网格技术在各类资源共享方面的优势,推进GIS走向网格化。因此需要从网格技术的特点出发来分析现有的GIS,发现和解决已不适应网格计算的各种问题。这些将在后面作详细叙述。

　　(4) 基于网格技术的空间信息智能服务代理(Intelligent Geo-Service Agents)

　　空间信息智能服务是广义空间信息网格建立的主要目的,是使空间信息为各行各业——从科学研究、经济建设、国防安全、人民生活到和谐社会可持续发展——进行实时智能服务。即将最有用的信息,用最快捷的方法送给最需要的用户。为此至少需要解决以下几个问题:

　　——空间信息智能服务机制与模式,包括需求牵引的空间服务任务流程建模、任务分配、智能搜索和空间信息智能服务平台的体系结构。

——空间信息服务标准与互操作标准,使各种空间信息服务系统—标准下实现互操作。

——空间信息服务的语义模型,包括基于本体的空间信息语义网格、空间服务网格模型的设计等。

——空间信息服务在各类终端上的实现,这些终端包括手机、掌上宝、便携机、台式机、电视机、电话机等。

建好由上述四个组成部分所建立起来的广义空间信息网格,充分体现了空间信息技术与网格技术的交叉与集成,这是今后一段时间摆在我们面前的一个光荣而艰难的任务。

由美国等40多个国家发起,经过三次全球对地观测部长级高峰会议讨论通过的GEOSS10年行动计划,已经为我们完成这个任务吹响了号角。GEOSS旨在用10年的时间建立一个分布式的一体化全球对地观测系统(GEOSS),为解决灾害、健康、能源、气候、气象、水循环、生态、农业和生物多样性等9个人类社会和经济发展的重大问题服务。

欧空局(ESA)提出的全球环境与安全监测计划(GMES),目标就更加明确,它要在未来五年内为欧盟各成员国的环境(包括自然环境、生态环境、人居环境、战场环境等)和安全(包括生态安全、交通安全、生产安全、国家安全、生命安全等)提供空、天、地一体化的空间信息实时服务系统。一个典型的例子是，2002年的阿尔及利亚地震，在震后一天内，欧空局利用震前震后的SPOT卫星图像，迅速准确地圈定了各大小灾区的范围，估算了倒塌的房屋和涉及的居民人数，为各国抗震救援队的行动提供了科学根据。日本航天局(JAXA)也十分重视建立对地观测快速响应系统。他们已运行一个为日本渔民全球海上作业服务的商业化实时捕鱼决策支持系统。通过对海洋环境变化的实时遥感监测并参照鱼类生活习性的规律，及时地向缴费的渔船提供各种鱼群位置的信息服务，指导海上捕鱼。我国也将建设类似的服务系统。

三、狭义空间信息网格

正如上面所讲，狭义空间信息网格指的是网格计算环境下的新一代地理信息系统，是广义空间信息网格的一个组成部分。

众所周知，地理(地球)空间信息以地图形式在纸介质上表示已有几千年的历史。当电子计算机问世后，要把空间数据放到电子计算机中去，人们就自然地想到了"地图数字化"道路，于是出现了用离散而且有拓扑关系的坐标点串来描述点、线、面、体各种空间要素。但数字地图绝不是空间数据在计算机中表示的唯一方法，更不是在信息网格中表示的唯一方法。

1. 网格计算环境下现行 GIS 所存在的问题

从网格计算所要求的资源共享和协同计算观点来看，GIS 尽管已从单机系统发展到网络和移动 GIS，但它仍然存在着下面四个大的问题，不能适应网格计算的要求。

（1）时间基准不一致引起的问题

由于同一空间区域内不同主题的数据获取时间可能不一致，在进行网格分析时，数据不能简单叠加，必须建立基于时间的不同领域主题空间数据的外推或内插模型，将时间不一致的空间数据首先变换到同一时间，然后才能进行网格的叠加和集成运算。如对全国各省市（地区）非同一时刻进行调查的土地利用、经济发展水平、人口分布等数据进行统计分析时，应根据当时自然和社会发展规律及国家土地政策等特点将它们统一到同一时间基准，这项复杂的建模和同化工作应由空间信息网格技术来完成。

（2）空间基准不一致引起的问题

由于空间数据存在多种比例尺、多种空间参考和多种投影类型，我国目前的现状是 54 坐标系、80 坐标系、地理坐标系和地心坐标系并用，而且不同地方还使用着各自的地方坐标系，不同的应用需要不同比例尺的空间信息的支持,对空间参考系和投影类型也有相应的要求。例如陆地的地理信息系统用高斯-克吕格投影,而海上的地理信息系统则采用保持方向不变的麦卡脱投影,当海陆连通时就会出现不一致。目前的GIS数据大都来自地图数字化,而不是直接的测量数据。地图将某种统一空间基准测量得到的结果,经投影变换后在平面上进行表示,很难适应基准变化的要求,基准一变,全部数据都得变。

(3) 数据格式不一致引起的问题

空间数据种类繁多,不同行业、不同部门有不同内容的专题信息。由于测量技术、方法和设备仪器的限制和所使用的硬件与软件不同,因此数据格式也各不相同。空间数据的生产、维护都分散在不同的单位进行。而且空间信息具有关系复杂、非结构化、数据量大、多比例尺、随时间变化等特点,这给需要使用空间数据的用户带来了很大的困难,不利于空间信息的共享。在技术方面,还没有建立完善的空间信息共享标准体系,包括空间数据标准和互操作标准。现有的空间数据组织和管理技术并没有很好地解决这些问题,因此很难适应未来网格技术支持下空间信息共享和利用的要求。

(4) 语义不一致引起的问题

由于不同的专家从各自的专业角度出发,不同行业的空间信息系统对同一个概念的语义解释往往有很大的差别,导致对同一地理现象观察和描述时会侧重于不同的侧面,从而产生空间信息语义上的差异,形成语义异构。如果不考虑这种语义的差异,就可能对用户的要求无法回答或作出不正确的回答。例如,一块长有草地、间有树木的山坡地,在农学家看来它是山坡草地,在林学家看来它是宜林地。当同时处理农业信息系统和林业信息系统时,就需要一个基于本体的语义网格来处理这些语义的差异。因此,如何实现具有语义共享的空间信息语义网格,也是网格技术下空间信息系统需要面对的问题。

2. 狭义空间信息网格的定义及体系结构

从当前网格技术出发,我们需要重新思考地球(地理)空间数据在计算机中的表达形式,显然它不应当仅仅局限于源于数字地图的一种表达方式,而应当更有利于解决上述的四个不一致性问题。为此我们提出空间信息多级网格(SIMG)的建议,并将它定义为狭义空间信息网格。

空间信息多级网格的核心思想是:按不同经纬网格大小将全球、全国范围划分为不同粗细层次的网格,每个层次的网格在范围上具有上下层涵盖关系。每个网格以其中心点的经纬度坐标(网格中心点)来确定其地理位置,同时记录与此网格密切相关的基本数据项(如

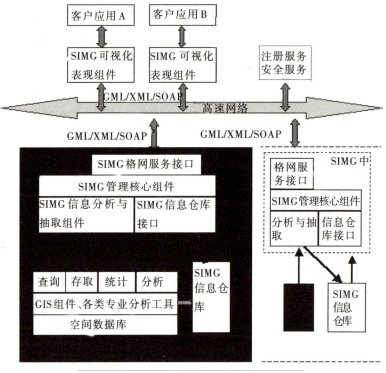

▲ 图3 狭义网格的信息共享实现结构

经纬度、全球地心坐标、各类投影参数下的坐标)。落在每个网格内的地物对象(细部地物)记录与网格中心点的相对位置,以高斯坐标系或其他投影坐标系为基准。根据实际地物的密集程度确定所需要的网格尺度(分层密度),如地物稀疏的地方只需要粗网格,而地物密集的地方(如城市)则按细网格存贮空间与非空间数据。

将不同的网格层次同全国、省、地(市)、县等行政级别建立关联,同时结合我国国家级、省市级空间信息基

广义空间信息网格和狭义空间信息网格

础设施的建设和信息网格技术,建立我国空间信息多级网格(SIMG)的体系结构,具体包括以下内容。

(1) 空间信息多级网格的划分。确定多级网格的层次数、各级网格的大小,不同地域网格粗细程度的确定原则一般可按100米、1000米和10000米分成三级。

(2) 每个网格点属性项的确定。包括应具备哪些基本属性、自然属性、社会属性、经济属性、文化属性等。

(3) 行政区划与空间信息多级网格对应关系的确定。这为以行政区划为目标的信息统计、宏观分析与决策提供了基础。

(4) 基于网格计算技术的空间信息多级网格结构。研究空间信息多级网格结构与网格计算技术结合,提供空间信息服务的体系与服务模式。

空间信息包括几何与属性数据,按多级网格的存取与多比例尺地图空间数据库的区别在于,所有数据直接

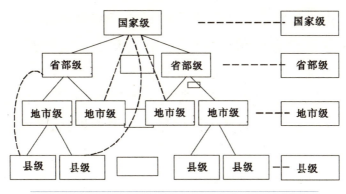

▲图4 狭义空间信息多级(SIMG)信息共享模式

按由粗细网格组成的统一网格系进行存储、查询、分析和应用,而不需要通过地图综合为每一级网格(每一种比例尺)存储一个完整的数据集,即所形成的是一个变网格的统一数据集,从而保证了数据的完整性和一致性。

3. 空间信息多级网格(SIMG)应具备的功能

基于网格技术所建立的空间信息多级网格,至少应具备以下三大功能:

(1) 作为网格计算环境下的新的空间信息产品

多边形	网格级数	比例尺	原坐标系	变换至坐标系
Poly1、poly6、poly10	1	1:100万	1980 Xian	1954 Beijing
Poly5、poly9	1	1:100万	WGS 84	1954 Beijing
Poly2、poly4、poly8	3	1:25万	1980 Xian	1954 Beijing
poly3、poly7	3	1:25万	WGS 84	1954 Beijing

由于以数字地图形式存贮的空间信息产品,距离数据采集和信息应用两端较远,它有利于空间分析,不利于空间统计。为了带地学编码的人口普查,美国已实施过TIGER计划,它实际上就是一个网格GIS。所以将我国及全球按统一的多级网格组成无缝的网格,就可以采用网格与GPS相联系的数据采集策略,用GPS+PDA来采集空间和非空间数据,并按照统一的网格数据标准填

广义空间信息网格和狭义空间信息网格

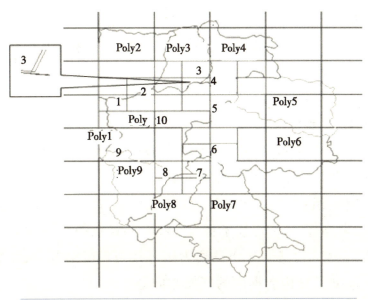

▲图5 不同级网格地理对象基于相对量变换的精度分析

充到网格里,利用网格计算进行统计、分析将变得十分便捷。这种方法在数据更新时优势更加明显,而且数据成果可以作为现有地图的补充产品。

将SIMG作为数字地图的补充产品,并不是让其代替传统的数字产品。在表现形式上,可以使两者相互转化,网格中依附的信息可以从传统的GIS中分析得到。同样,网格信息也可以通过一定的手段转化为GIS中空间对象(如行政区划)的属性。此外,网格信息也可以直接通过调查和野外采集得到,如通过带有GPS设备的便携式手持设备进行网格内的人口调查统计。所以,新理论是对旧理论的继承和发展,目的是为了使网格产品更适合用户。

(2) 作为网格计算环境下实现对现有各种空间数据库操作的工具

网格技术与空间信息处理结合的研究目前才刚刚开始,主要涉及三项技术:网格计算、基于Web服务的信息共享技术和空间信息互操作技术。前两项属于信息基础设施建设和技术标准问题。对后一问题,两个国际标准化组织OGC和ISO/TC211已经做了大量的研究工作,发布了一系列技术标准,如基于Web的地图服务规范(WMS)和基于Web的要素服务规范(WFS)等,从技术上解决了异构数据库的互操作问题。

利用SIMG这个工具,来处理现有空间信息资源所存在的上述四个不一致,将有利于实现网格技术与空间信息技术的结合,从而实现在开放网格体系结构中全面吸收Web Service的技术和标准,找出适合网格计算的或者称为网格计算环境下的新的空间数据的表示方法,并使SIMG与空间数据立方体和空间数据仓库里的新方法相结合,将对空间数据的应用扩展到网格服务的层面上,充分利用网格体系结构中的先进特性,使空间信息更好地满足用户需求。

(3) 作为未来动态时空坐标系下空间数据表示和组织的方法

随着GPS技术和整个卫星大地测量、卫星重力测量

广义空间信息网格和狭义空间信息网格

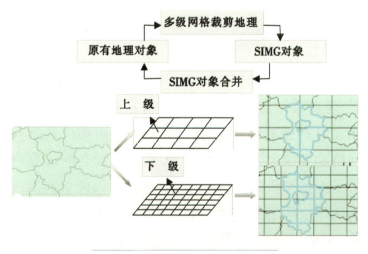

▲ 图6 多级网格对象转换工具

等技术的飞速发展,全球时空基准与框架不断精化,其周期越来越短,必将走向实时动态化。因此,以存储某一坐标系下的坐标串为主要方式的空间信息系统是适应不了这种变化的,需要从地理空间数据在计算机中的表示方法来寻求非地图表示的新方法。利用空间信息多级网格(SIMG)技术,在动态时空坐标系中只需考虑网格中心点的坐标可以转换成不同坐标系,网格的中心点能在不同投影、不同坐标系中变换,而网格内部的相对量(角度、长度、面积等)不变(或是投影误差小到可以忽略),从而避免了从一个坐标系到另一个坐标系变换时全部数据都要发生变化的问题。因此,有望成为一种随时空变化的新的空间数据的有效表示和组织方法。

四、结束语

网格技术和地球空间信息技术正在以飞快的速度发展,将两者结合起来形成空间信息网格是一个十分紧迫而又具有挑战性的课题。我们所提出的广义空间信息网格和狭义空间信息网格从概念上对空间信息网格提出了一些初步的见解。希望抛砖引玉,能引起国内外从事地球空间信息科学与技术的同行们的注意,不失时机地、创造性地推助网格技术与空间信息技术的集成,以便充分发挥现在和未来对地观测空、天、地各类传感器所得到的数据、信息和知识在国家经济建设、国防建设、社会可持续发展和人民生活质量改善中的作用。

时代呼唤信息安全网和廉价高效的光伏电池

简水生

一、时代呼唤信息安全网的早日实现
二、我们所提出的光交换网是"基于可变波长激光器分布式波分复用全光交换网"
三、北京交通大学光波所的工作
四、常规能源有尽时,光伏(电池)发展无了期

【作者简介】简水生,光纤通信和电磁兼容专家。1929年10月25日出生于江西萍乡市,1953年毕业于北京铁道学院电信系通信专业,1995年当选为中国科学院院士。现任北京交通大学光波技术研究所所长、教授、博士生导师。他建立了"消除螺旋效应的屏蔽理论",研制成小同轴电缆。根据这一理论,他又首创性地研制成"内屏蔽对称电缆",发展了防干扰理论,解决了铁道地电位升的问题。首创了"准均匀加感"的方法,建立了JK函数和IK函数,丰富了Bessel函数理论,大大简化了光波导折射率多层分割计算理论。利用光波导多层分割的理论研制出双有源双沟道动态单纵模激光器（1.3μm和1.55μm）。主持研制成我国第一根拍长为2mm、消光比为20dB的Panda保偏单模光纤、1.3μm和1.55μm双窗口双零色散平滑低色散单模光纤、30万像素石英传像光纤。研制成新型通信光缆系列、计有轻型束管式光缆、异型钢丝超强型束管式光缆、蜂窝型属管式光缆和GFRP防弹层非金属光缆,等等。

时代呼唤信息安全网和廉价高效的光伏电池

　　我们知道,互联网的迅速发展推动了信息社会的到来,而互联网是建筑在光纤网基础上的。光纤的分组交换是目前国际上的研究热点,由于光的延迟和光逻辑器件并未取得突破性进展,人们并没有研究如何从结构上解决网络的安全问题,而网络的安全牵连到国家的安危、社会的稳定和发展,只有信息安全网才能解决人们随时随地办公的问题,从而可以缓解城市交通堵塞的问题,可以节约能源和解决环境污染的问题。以下所提出的光路交换网可从结构上解决信息安全问题。21世纪将是能源危机的世纪,也是能源革命的世纪,而廉价高效的光伏电池将是新能源的主流。

一、时代呼唤信息安全网的早日实现

　　自高速交换路由器研制成功后,包交换的优点便得到了充分的显示,使发讯者与受讯者之间无固定电路连接,大幅度地提高了电路使用效率,降低了交换设备的成本,互联网得到了飞速的发展,至今互联网已经无所不在。互联网的普及和发展为人类信息社会作出了重大的贡献。但是在互联网中,受讯者与发讯者之间并无固定电路连接,使受讯者不能实时准确地获得发讯者的地址码,这就为病毒流行、黑客入侵、网上赌博、网上银行盗窃、黄色和信息垃圾泛滥提供了可乘之机,阻碍了电子商务的迅速发展,危害到社会的稳定和安全,也危及青少年的健康成长,时代呼唤信息安全网的早日实现。

早在1993年人们就曾期望,NII(National Information Infrastructure)的建设将从根本上改变人们的生活方式、工作方式、学习方式。世界掀起了建设NII(人们简称为"信息高速公路")的高潮,人们期望到2000年电子商务的交易额高达4万亿美元,以后每年都将以几十个百分点的速度递增,各种风险投资蜂拥而至,掀起了人类历史上少见的光纤网建设高潮,互联网的发展达到了空前的繁荣。但是在2000年,全世界的电子商务交易额只有数百亿美元,远远低于人们的预期值,互联网的繁荣急剧暗淡,IT业的发展迅速降到了谷底。2002年全世界IT产业一片萧条,造成这一现象的因素众多,但我认为互联网的安全问题是其主要原因。因为目前互联网的安全仅仅依靠各种防火墙来提供保证,但这并不能从根本上解决网络的安全问题。目前计算机的速度已经达到了每秒数十万亿次的量级,即将达到每秒1000万亿次的量级,在这样高的计算速度下,任何防火墙和密约都将被迅速解密。而且在未来战争中,敌我双方首先攻击的目标将是对方的网络,网络的安全牵连到国家的安危、社会的稳定和信息社会的进一步发展。另一方面,城市交通堵塞、环境污染的世界性难题的解决,也迫切

时代呼唤信息安全网和廉价高效的光伏电池

需要能够支持和实现随时随地办公的安全的信息网。只有实现光路交换才可能从结构上确保网络的安全,因为在光路交换中,受讯者与发讯者之间有固定的光路链接,在网上任何犯罪行为都将被实时准确地发现,无处可逃。这就是未来的信息安全网。实际上,目前两根光纤可以通1~2千万话路,在实验室中的通信容量可高达10.92Tb/s,相当于1.7亿数字话路,而每根光缆中有数十至数百根光纤,为人类社会提供了前所未有的最为廉价的信息光路,已经远远超出了人类社会的需求。目前每千米光纤的售价约为10美元,远远低于铜线的价格,而且其他光电子器件的价格都在成倍地下降,这为人类社会实现光路交换奠定了坚实的基础。在这种情况下,再去研究提高每一个光路的使用效率的光分组交换技术是没有任何实际意义的。令人感到遗憾的是,各种分组交换的研究课题是国际研究的热点之一,我们国家从"973计划"到"863计划",也设立了大量的研究课题,投入了大量的资金。可是,光的延迟和光的逻辑器件的关键技术没有取得突破,这仍是各种光的分组交换不可逾越的障碍。即使未来取得了突破性进展,能够实现以提高光路使用效率为目的的光的分组交换也没有什么经济效益。因为光纤通信的众多光路已远远超过人类社会的需求,每一光路是人类历史上最为廉价的通道。而实现各种光路交换所建立的复杂的价格高昂的设备,远远高于多利用几根光纤组成光路交换所需的投资。而且在分组交换的光网络内,受讯者仍然不能实时知道发讯者的地址码,上述所有的网络犯罪行为都可在分组交换光网络中通行无阻。它的安全问题仍然要寄托于各种防火墙和密约。在现代高速计算机的攻击下,也必将迅速崩溃。相反,我们应该充分利用廉价的光纤和天文数字的光路来实现光路交换,以确保网络的安全。从电路交换到包交换再发展上升到光路的交换,这是螺旋式上升,符合毛泽东在《实践论》中所提出的"螺旋上升"的发展规律。

由于光纤的价格是如此低廉,大城市之间可以用专用的光纤直接相连,大幅度降低交换设备的造价。在目前已建成的地下光缆网的基础上再适度投资,即可实现这种光纤交换网,这不仅可以为各大城市间提供用之不竭的光路,还可形成炸不断、打不烂、能经得起未来战争考验的地下通信信息网。

二、我们所提出的光交换网是"基于可变波长激光器分布式波分复用全光交换网"

我们所提出的光交换网是"基于可变波长激光器分布式波分复用全光交换网"。它首先将WDM的光的发射和接收端机约定分配到各个OXC光节点上,每个光节点的光发射模块的波长是可变的(符合ITU-T建议),而接收的波长是约定的固定波长。例如,第一个光节点变换光发送模块的波长就可呼叫另一个光节点,另一个光节点接收到第一个光节点的波长信令码,立即回叫第一个光节点,完成信令呼叫,实现光交换的功能(在这里,我们要说明的是,传输呼叫信令的波长与通话时的波长有一个$\Delta\lambda$的差值)。

例如在京沪穗这个环圈上,大的城市有15个,如图1所示。在这个主干通信网中有:北京、天津、济南、南京、上海、杭州、宁波、福州、厦门、深圳、广州、衡阳、长沙、武汉、石家庄,每个城市就是一个OXC光节点。每个

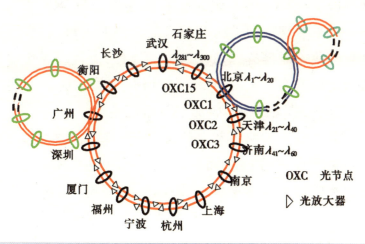

▲图1 基于可变波长激光器分布式波分复用全光交换网络结构示意图

光节点的光发射模块和接收模块各为14个。但考虑到突发业务时光交换不阻塞,还需有备份的光发射和接收模块。如有6套备份,则每个OXC都有20套光发射和接收模块,这就是分布式的波分复用。北京接收的固定波长为λ_1至λ_{20},天津的接收波长为λ_{21}至λ_{40},其他依此类推,石家庄的接收波长为λ_{281}至λ_{300}。G652光纤可使用的波长范围约为400nm,如果每个波长的间距为0.4nm,则可以有1000个波长。实际上,北京——上海——广州这个光纤骨干环所铺设的光纤数已经超过500纤芯,如果将这500纤芯全部用来进行光的交换,则光节点可达近300个,波长交换的资源是丰富的。例如,上海呼叫北京时只需拨010,则光网络的信令系统可自动选择λ_1到λ_{20}的空闲光接收机连通上海至北京的光路。北京接到上海的呼叫信令后再反叫上海,这样不仅信息接收方能准确知道发送方的地址,而且呼叫连通通信时间的长短都有记录。这样既从结构上解决了网络的安全问题,又解决了网络的计费问题。

考虑到干线网各节点信息流量一般比较稳定,故上述各光节点可用14个固定发射波长激光器形成各个节点间约定波长的透明的光交换通路,而6套备份的可变波长激光器和6个约定波长的光接收器可视突发业务的具体情况,组成各OXC之间的光交换通道。这样每个OXC的设备将大为简化。

时代呼唤信息安全网和廉价高效的光伏电池

"基于可变波长激光器分布式波分复用全光交换网"的提出是基于两根光纤的通信容量已经远远超过社会的需求。一条光缆里有数十根甚至数百根光纤,在我国干线上已敷设的光缆有多条,光纤数百芯,绝大部分都是闲置的。我们提出应该充分利用闲置的光路和光纤实现光的交换,以确保网络的QoS和网络的安全,而用不着采取光的分组交换方式去提高光路的使用效率。何况光纤和各种光电子器件的价格还在不断地下降,所以"基于可变波长激光器分布式波分复用全光交换网"的建立不需要巨大资金的投入。据有关资料报道,全世界程控交换的总投资达到了10万亿美元之多,而全光波长交换不需要建立新的交换中心。所以本项目的研究成功将具有巨大的经济效益和社会效益,而且对于确保国家安全和社会稳定起着非常重要的作用。而且这种网络可以实现电话网与网络的兼容,它可以首先在主要干线网上实现,也可以在城域网上实现,还可以利用已敷设的八纵八横干线光缆网和数百万公里的省级网组成立体的拓扑结构环网,构成全国无阻塞的"基于可变波长激光器分布式波分复用全光交换网"。

我们在这里还需要着重指出的是,利用目前已敷设的光纤网可迅速实现国防、公检法等国家专用保密网。目前国际形势变化莫测,建立起"基于可变波长激光器分布式波分复用全光交换的新一代保密专用网"是十分

信息科学技术集

紧迫的。

由于"基于可变波长激光器分布式波分复用全光交换网"的建成,安全问题得到解决,不仅人们所期望的电子商务黄金时代将会到来,而且还将为人们随时随地办公提供安全可靠的光路交换网,从根本上解决城市交通堵塞的问题。截止到2010年,我国的汽车拥有量已达1亿辆,耗油量占60%。而光路交换安全网的实现可以大大减少汽车的拥有量和耗油量,大量节省能源,解决环境污染问题。同时以光路交换为特征的安全信息网不仅可以提供人们随时随地办公的条件,而且可以提供远程医疗和手术、远程机械操作、远程双向教学和远程立体电视电话会议,还可充分利用宽带网大通信容量的特点实现世界上任何旅游景点的虚拟现实,人们可以在各地的立体的彩色的虚拟现实演示厅中遨游全世界风景秀丽的景点和名胜古迹。

三、北京交通大学光波所的工作

我们的实验室已经实现了具有4个光节点的分布式WDM系统,单波长的传输速率为10Gb/s,光纤长度为1200千米,有自愈功能的双向环网,具有新的信令系统,可以实现4个节点间随意呼叫和传输,其误码率将小于10^{-12},并能显示与电话网和互联网的兼容,如图2、图3所示。这个4节点双环全光交换实验演示系统进一步完善后,将会推动我国安全保密专用网的建设,为我国网络的安全作出重大贡献。

为了实现宽带的光路交换安全信息网,必须要解决光纤到户的诸多问题。首先要研制出廉价的符合ITU-T建议波长的可谐调的激光器和廉价的高速率光调制器,光波所已在这方面取得了突破性的进展。

为了空间科学的发展,我们研制出抗辐射的光子晶体光纤和保偏的光子晶体光纤,如图4、图5所示。并将进一步研制出光子晶体光纤陀螺,以满足空间科学和国

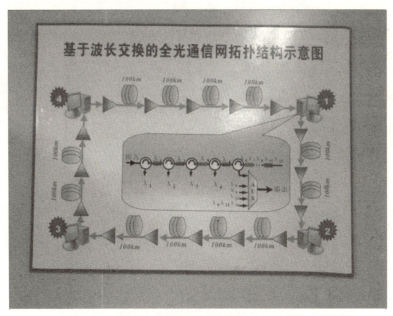

▲图2　四个节点波长交换全光网演示系统的原理图

▲ 图3　光路交换全光网演示系统的一角

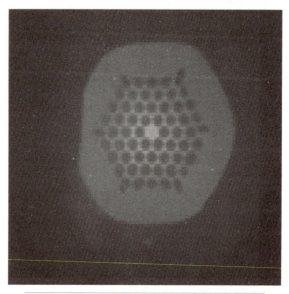

▲ 图4　高数值孔径光子晶体光纤截面图

时代呼唤信息安全网和廉价高效的光伏电池

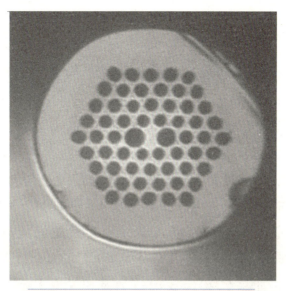

▲ 图5 新型保偏光子晶体光纤截面图

防建设的需求。同时,光波所还研制出高掺镱大有效面积双包层泵浦光纤,并正在研制千瓦级掺镱包层泵浦大功率激光器,以满足国防和工业加工的需求。

◆ 四、常规能源有尽时,光伏(电池)发展无了期

21世纪将是能源危机和能源革命的世纪。众所周知,世界上已探明的石油存储量只能供应40~50年。世界上石油储量67%在中东。我国2004年进口原油1.2亿吨和成品油4000万吨,80%的进口石油都需要经过马六甲海峡。有的国家已宣称为了"反恐",将驻兵马六海

信息科学技术集

峡,形势十分严峻。我国已探明煤炭储存量约8200亿吨标准煤,利用目前的工艺技术,可以安全开采的总储量约1500亿吨标准煤。2004年我国煤炭能源消耗为19.6亿吨标准煤,按照目前能源消耗增长的速率计算的话,我国的煤炭仅能够满足30~40年的使用需求。常规能源是地球在46亿年的形成过程中,经过长时期的沉积、演化而来的。可是在我们几代人的发展过程中,就将这种常规能源消耗殆尽,这不仅危及我国的持续发展,而且也是危及中华民族能否继续生存发展的大事。我国已发展核电,在未来十几年内将兴建约40个百万千瓦级核电组。如果2020年我国电力装机总量达到9亿千瓦的话,则核电只占总装机容量的几个百分点。按照目前的耗能比例上升,预计到2020年我国消耗常规能源为60亿吨,所排放的CO_2将高达200亿吨以上,对人类的生存环境将造成严重的影响。我国天然铀资源短缺,如果大力进口天然铀,将会遇到更为严重的困难。人们还寄希望于钍,如果钍能发电,那将提供我国上千年的能源需求。但是钍能否实现像铀一样发电,目前尚无结论。我国东海、南海的能源开发有待积极进行国际协作开发,其储量尚未可知。常规能源的消耗量是不可逆转的,也是有尽时的。

　　太阳能就是无污染的巨大能源。太阳实时给予地球的能量是人类每天所消耗的能量的上万倍,其中70%

时代呼唤信息安全网和廉价高效的光伏电池

以上的能量给予了大海。陆地的降雨量,沿海的台风、飓风都是太阳能转化的表现形式。据专家计算,我国陆地每年接受太阳辐射的能量约为2.4万亿吨标准煤。这是取之不尽、用之不竭的绿色能源。问题是应该尽快地研制出价格低廉、转换效率较高的光伏电池。目前的太阳能电池每3千瓦约需1万美元,而3千瓦的太阳能电池约相当于1千瓦的火力发电,价格十分昂贵,远远超过我们的国家和人民所能承受的极限。研制廉价和转化效率高的太阳能电池的历史使命就责无旁贷地落在了光电子科技工作者的肩上。北京交通大学为完成这一历史使命正在探索和研究制作太阳能电池的新工艺、新路线和新方法。为了迎接绿色能源时代的早日到来,我们将竭尽全力。

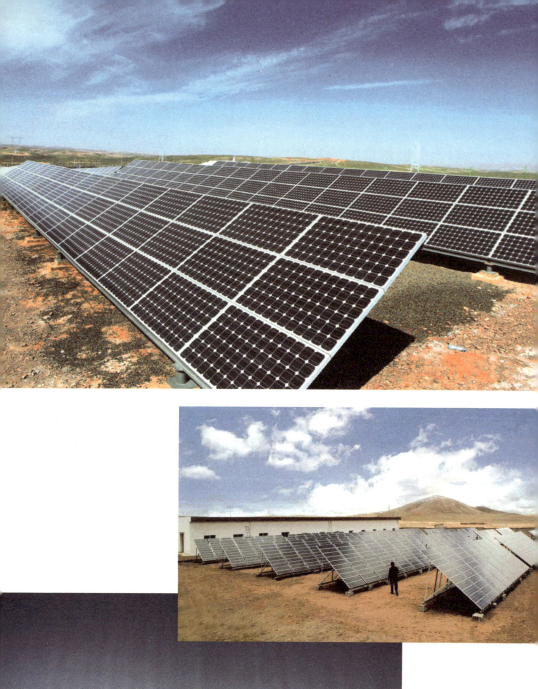

企业信息化

柴天佑

一、企业信息化是走新型工业化道路的必然选择

二、企业信息化的内涵

三、企业信息化的基础与实施策略

四、案例

【作者简介】柴天佑,控制理论和控制工程专家。1947年11月20日出生于甘肃省兰州市。1985年于东北工学院获博士学位。曾任国际自动控制联合会(IFAC)技术局成员及IFAC制造与仪表技术协调委员会主席。东北大学教授、博士生导师,东北大学自动化研究中心主任。提出了多变量自适应解耦控制理论与方法,与智能控制、计算机集散控制技术相结合,主持研制出智能解耦控制技术及系统,并应用于20万千瓦国产机组钢球磨中储式制粉系统和进口30万千瓦发电机组的机炉协调系统等工业过程,取得显著应用成效。提出了以综合生产指标为目标的工业生产全流程混合智能优化控制技术及综合自动化系统,成功应用于选矿、黄金、氧化铝等生产线,显著提高金属回收率和精矿品位等技术经济指标,取得显著社会经济效益。发表论文被SCI收录50余篇,EI收录170余篇。先后获国家科技进步二等奖3项,省部级特等奖、一等奖10项。获2002年"何梁何利基金科学与技术进步奖"、2003年辽宁省"科技功勋奖",两次获全国"五一劳动奖章",2005年获全国先进工作者荣誉称号。2003年当选为中国工程院院士。

企业信息化

现在全国的各行各业都在讲信息化,特别是工业界如何用信息化带动工业化,走新型工业化道路,成为企业管理人员和技术人员特别关注的问题。企业为什么要实现信息化?企业信息化的内涵是什么?企业信息化的基础是什么?实施策略是什么?我将从科技的角度谈谈自己的看法。

一、企业信息化是走新型工业化道路的必然选择

"十六大"报告指出:"实现工业化仍然是我国现代化进程中艰巨的历史性任务。信息化是我国加快实现工业化和现代化的必然选择。坚持以信息化带动工业化,以工业化促进信息化,走出一条科技含量高、经济效益好、资源消耗低、环境污染少、人力资源优势得到充分发挥的新型工业化路子。"

其中"技术含量高"、"人力资源优势得到充分发挥"这两句话是针对我国国情提出的。因为我国现在已成为制造大国,例如钢的产量连续十年世界第一,但是许多产品技术含量并不高,具有自主知识产权的产品少。我国人力资源丰富,劳动力成本低,只有提高产品的技术含量,充分发挥人力资源优势,才能增加产品的附加值、降低生产成本,使企业产生更好的经济效益。

信息科学技术集

"经济效益好、资源消耗低、环境污染少"也是发达国家的工业界正在追求的目标,例如欧洲钢铁工业技术发展指南提出的钢铁工业发展目标就是降低生产成本,提高产品质量,减少环境污染和资源消耗。

实现新型工业化必须要实现信息化,企业信息化是走新型工业化道路的必然选择。原因如下:

1. 信息化是提高企业知识生产力最有效的手段

现代管理学理论的奠基人、美国著名管理学家彼得·杜拉克指出:"知识生产力将日益成为一个国家、一个产业、一家公司的竞争实力的决定性因素。""无论什么传统产业,之所以能发展壮大,就是因为它们围绕知识和信息进行了重组。"依靠传统资源,即劳动力、土地和(货币)资本,获取的利润越来越少,财富的唯一(至少是主要的)创造者成了信息和知识。21世纪最可贵的资源是知识工作者和他们的知识生产力,不同的知识工作者具有不同的知识生产力。例如医生,虽然他们具有的知识可能差不多,但是有的医生能够治疑难杂病,来找他看病的人就会越来越多;有的医生误诊病人,来找他看病的人就会越来越少,这是因为前者的知识生产力高,后者的知识生产力低。企业也是一样,在企业里从事类似工作的管理人员或者技术人员,他们的知识生产力也不一样,因此他们在制订和执行生产计划、作业计划和

企业信息化

作业标准的工作质量也不完全一样。如何使这些人能够像具有最高知识生产力的那些人一样工作？只有让具有最高知识生产力的企业管理人员或技术人员制订和执行生产计划、作业计划和作业标准信息化才可以提高所有企业管理人员或技术人员的知识生产力。

因此，企业信息化首先要成为提高知识生产力的最有效的工具。现在有些企业的信息化工作停留于表面，仅仅采用计算机、网络将企业部分工作实现计算机化，没有将企业优秀的管理人员和技术人员的经验和知识融合到信息化系统中，造成企业信息化的效果不明显。

所以，我们必须采用信息技术，围绕着产品、工艺的设计和产品的生产制造过程的信息和知识，对产品设计、制造等全过程进行重组，将优秀的设计、制造、管理等方面的经验、专有技术和知识提炼并融合到信息化系统中，提高企业知识生产力。

2. 只有通过企业的信息化才可能实现企业扁平化管理

企业的目标是不断地提高产品质量、提高生产效率、降低生产成本、减少资源消耗，从而产生经济效益。因此企业的整个生产组织管理活动就是将反映企业目标的生产指标变成生产线的动作来实现企业目标。以人为主来完成上述生产组织管理活动必然采用如图1所

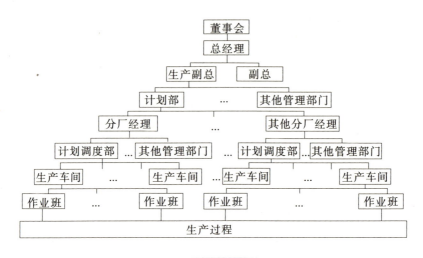

▲ 图1　金字塔式的结构

示的金字塔式的结构。

随着信息技术在工业中的应用，金字塔式的企业管理结构不断发生变化。20世纪80年代，流程工业采用普渡企业参考体系结构(Purdue Enter-prise Reference Architecture，PERA)来实现流程企业计算机集成制造系统。如图2所示，由过程控制、过程优化、生产调度、企业管理和经营决策五个层次组成。

20世纪90年代，美国AMR(Advanced Manufacturing Research)提出的制造行业的三层企业资源计划(ERP)/制造执行系统(MES)/设备控制系统(DCS)结构，使得企业管理趋向扁平化(图3)。已经成功地在半导体、液晶制品业、石油化学业、药品业、食品业、纺织业、机械电子

▲ 图2　普渡企业参考体系结构

业、造纸业、钢铁业中应用,取得了显著经济效益。

如今,企业信息化可以采用如图4所示的生产控制指挥中心来实现。生产控制指挥中心就是企业的信息化系统。韩国浦项钢厂就是采用生产控制指挥中心方式实现了企业的信息化管理。使得生产和销售计划循环周期减少75%,可靠的承诺时间(ATP)从2小时缩短为2.5秒,及时发货率从82%提升到95%,企业预算时间从110天缩到30天,整整减少80天,月决算时间由6天缩短到1天,标准成本计算时间由15天缩短到3天,交货期由20~30天缩短到7天,客户产品库存天数由30天缩短到24天以内,库存原料周转率由8.7次增加到12次,取

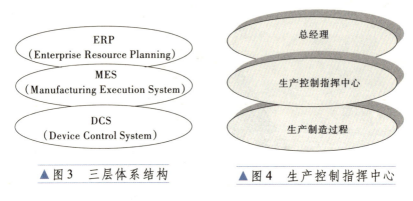

▲ 图3　三层体系结构　　　　▲ 图4　生产控制指挥中心

得了显著的经济效益。他们认为企业信息化将成为浦项生存与发展的关键。

3. 企业信息化是实现企业综合生产指标优化控制的保证

企业为了将反映产品的质量、产量、成本和消耗的综合生产指标控制在目标值范围内，采用图5所示的生产控制与管理流程。通过生产计划部门、调度部门将企业经营决策部门制定的与产品的质量、产量、成本和消耗相关的生产指标层层分解为生产工序的生产指标，再由工艺技术部门的工程师将工序生产指标转化为反映产品在加工过程中的质量、效率和消耗的工艺指标。由作业班的操作人员，将工艺指标分解为控制系统的设定值。通过过程控制系统使生产过程的输出跟踪设定值，来保证实际的工艺指标进入到其目标值范围，从而保证实际的综合生产指标进入目标值范围内。现在大多数企业都是采用人工方式来实现综合生产指标的控制与管理。由于人工方式不能及时准确的分解和调整生产指标、工艺指标和控制系统设定值,因此难以将实际的生产指标控制在综合生产指标的目标值范围内。实现企业综合生产指标的优化控制已经成为国际工业界追求的目标,在全球市场环境下,改进产品质量、生产效率和成本的需求不断增长,实时优化受到过程工业的重视并广泛采用。为了适应变化的经济环境,减少消耗,降低成本,提高生产效率,提高运行安全性,必须对于控制、优化、计划与调度以及生产过程管理实现无缝集成。

采用信息技术建立如图6所示的综合生产指标分解模型、工艺指标分解模型和工艺指标优化控制系统就可

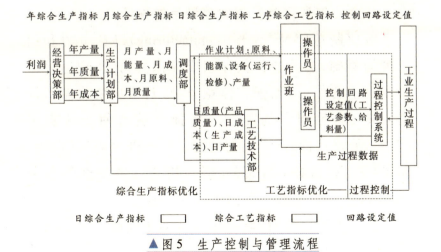

▲ 图5 生产控制与管理流程

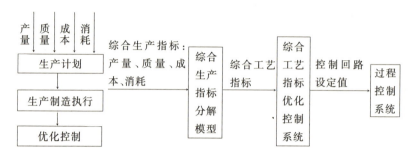

▲ 图6 综合生产指标分解示意图

将企业生产计划部门、调度部门和工艺技术部门的行为信息化和优化,使得综合生产指标自动转化为工艺指标,进而自动转化为控制系统的设定值,通过自动的调整控制系统的设定值和工艺指标,从而保证实际的综合生产指标进入目标值范围内。

4. 企业信息化是实现敏捷制造的保证

敏捷制造(AM, Agile Manufacturing)以竞争力和信誉度为基础,选择合作伙伴组成虚拟公司,实现信息共享和分工合作,以增强整体竞争力,对市场变化做出快速反应,满足用户的需求。敏捷制造将使企业实现FTQCS战略目标,即产品的功能(F)全、开发周期(T)短、质量(Q)高、成本(C)低,并能为用户提供更好的服务(S)。敏捷制造具有下列四个特征:

第一个特征是管理、技术与人的集成性。敏捷制造把动态灵活的虚拟组织机构、先进的柔性制造技术和高素质的人员进行全面的集成,获取企业的长期利益。

第二个特征是制造资源的集成性。企业间协作集成,充分发挥各企业的优势,针对市场的目标和要求共同合作完成任务。

第三个特征是需求响应的快速性。这种快速性表现为高度的制造柔性和快速多变的动态组织结构。制造柔性是指制造企业针对市场需求迅速转产和快速实现产品多品种、大批量生产的能力。快速多变的动态组织结构特征,当出现市场机遇时,迅速组建成虚拟公司。当承接的产品和项目一旦完成时,虚拟公司马上解体,公司各种人员立即转入其他项目。

第四个特征是人力资本的柔性。它的含义是不断提高企业职工素质和教育水平,提高员工在知识、技能、

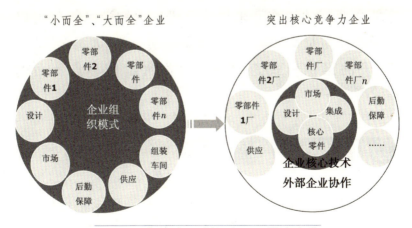

▲图7 两种不同的企业组织模式比较

信息科学技术集

观念三方面的素质,造就一支高度敏捷、训练有素、能力强且具有高度责任感的员工队伍,充分发挥其作用,不断提高工作效率与工作质量,不断增加员工的知识生产力。

实现敏捷制造需要两个基础:一是虚拟企业,二是发展敏捷制造技术。信息技术是建立虚拟企业和实现敏捷制造的关键技术。

传统企业是"小而全"或者"大而全"。如图7所示,传统企业由市场、设计、加工、组装、销售、供应、后勤等部门组成,而企业需要的各种功能在一个企业内完成。提高核心竞争力的敏捷企业则由市场、设计、核心零件加工、集成四个部门组成。将销售、供应、后勤、一般零件加工等部门剥离到外部企业,敏捷企业通过供应链管理系统、电子商务等企业信息化系统来实现敏捷企业与外部企业间的协作。采用计算机集成制造系统就可以实现设计与制造的集成,敏捷制造使企业"大而全"、"小而全"的组织模式走向分工协作突出核心竞争力的模式。

二、企业信息化的内涵

信息化首先是实现数字化,然后是智能化,只有这样才能实现上述目标。由图8可以看到,未来企业从信息基础结构来看，由四部分组成。

第一部分是自动化工厂进行基础产品生产，采用成熟技术进行生产，产品是成熟产品。为了保证产品质量、提高生产效率，必须采用全自动化生产方式。企业信息化就是建立生产线的自动化系统。

第二部分是创造性工厂，产生先进技术，也就是采用先进技术不断进行新产品的研发工作，不断推出适合市场需求的新产品。产生先进技术的工作是由企业研发人员来进行的创造性工作。因此企业信息化系统就是为研发人员建立包括计算机辅助设计（CAD）等在内的有助于创新研发的信息化平台。

第三部分是围绕销售出去的产品进行跟踪服务，使购买产品的用户得到及时周到的服务。企业信息化就

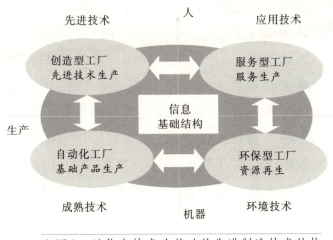

▲图8　以信息技术为基础的先进制造技术结构

是为售后服务提供信息化平台,帮助从事服务生产的员工快速敏捷的进行售后服务。

第四部分是环保型工厂,采用环境技术进行资源再生,例如生产过程排放的污水,经过污水处理变成可用的水,然后循环到生产线使用。企业信息化的任务就是使资源再生过程实现自动化,降低企业环保处理成本。

以上从以信息技术为基础的先进制造技术结构分析了未来企业的四个组成部分。企业信息化首先应该考虑制造过程的信息化,也就是如何实现产品制造过程的数字化和智能化,从这个角度来看,企业数字化和智能化由如图9所示的三部分:即设计数字化、协同化、虚拟化、智能化,管理的数字化和智能决策,制造过程数字化、自动化、虚拟化、智能化三部分组成。

对于离散制造业的设计主要是产品设计,对于流程工业设计主要指生产工艺设计。设计过程的信息化首先是要做到数字化,这样就可以采用计算机辅助设计工具(CAD)来进行设计。接着应该解决工作在异地的多位设计者进行协同设计,因此需要实现协同化。接着进行设计工作的正确性验证和改进,需要采用虚拟制造技术来实现虚拟化。对于已经验证成熟的产品设计方案,需要智能化技术将这些设计方案固化下来,实现设计的智能化。

无论是连续制造过程,还是离散制造过程,首先要

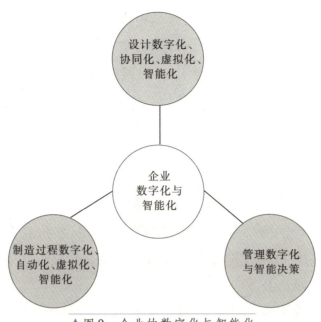

▲图9　企业的数字化与智能化

实现制造过程的数字化，在此基础上实现设备层的自动控制，然后实现制造过程运行层的控制与优化，由于运行层的复杂性，需要采用虚拟制造技术对控制与优化策略进行验证，然后修正该策略，并将经过实践验证的控制与优化策略采用智能化技术固化下来，实现制造过程的智能化。

制造过程的管理和企业管理首先要通过建立制造执行系统和企业资源计划系统来实现数字化，在此基础上采用人机交互和智能优化方法实现管理过程的智能决策。

综上所述,企业信息化的内涵就是以提高企业的市场应变能力和竞争能力为目标,将信息技术用于产品设计(工艺设计)、制造(生产)和管理(生产管理和经营管理)的全过程,实现企业设计、制造与管理过程的数字化与智能化,从而提高企业知识生产力、实现管理的扁平化与敏捷化和企业的全局优化。

实现上述企业信息化的目标,就要实现产品设计(工艺设计)、制造(生产)和管理(生产管理和经营管理)的全过程的信息集成。对于流程工业来说,信息集成的关键技术是一体化过程控制技术;对于离散制造业来说是集成制造技术。

流程工业一体化过程控制技术是将与产品的质量、产量、成本相关的经济技术指标自动转化为流程工业生产过程各工序自动控制系统参数,从而保证达到产品的微观组织和最终性能的高技术。该技术已经成为国际上工业领域的高技术发展潮流和方向。流程工业一体化过程控制系统是实现流程工业信息化的关键,是提高流程工业生产效率和产品质量、减少资源消耗的有效途径。

离散制造业集成制造技术是将信息技术、现代管理技术和先进设计制造技术结合,应用于企业产品全生命周期(从市场需求到最终报废处理)的各个阶段。通过信息集成、过程优化及资源优化,实现物流、信息流、资金流的集成与优化运行,达到人(组织、管理)、经营和技术三要素的集成,以缩短企业新产品开发的时间、提高产品质量、降低成本、改善服务、清洁环境,从而提高企业的市场应变能力和竞争能力。该技术是全球制造工业领域的高技术发展潮流和方向。以实现敏捷制造为目标的设计、制造、管理的集成制造技术,已经成为国际上高技术研发机构与高技术公司的研究热点,它不仅成为制造业不断推出新产品、快速响应不可预测的市场并赢得竞争的主要手段,而且成为信息时代提高企业竞争能力的综合性高技术。集成化、数字化、智能化、敏捷化、网络化、绿色化是集成制造系统的发展趋势。

虚拟制造技术是实现设计与制造过程的虚拟化的关键技术。对于虚拟制造来讲,国际上还没有统一的定义。日本学者 Iwata Onosato 认为:虚拟制造(又称拟实制造)是用模型和仿真代替真实世界的实体及其操作的计算机化的制造活动的综合概念。真实制造系统分为真实物理系统(RPS)和真实信息系统(RIS)。虚拟制造系统分为虚拟物理系统(VPS)和虚拟信息系统(VIS)。美国学者 Hitohcook 认为:虚拟制造是一个集成的、综合的制造环境,通过运行该制造环境可以提高制造企业中各个层次的决策与控制水平。无论哪种定义,虚拟制造系统的共同点是不消耗物质和能量,不产生真实产品,只产生信息的系统。

三、企业信息化的基础与实施策略

制造业按其生产的产品的特点可分为：离散制造业、流程工业和混合制造业。离散制造业生产出来的产品部件是可以通过计件方式衡量的，比如一台设备、一把椅子、一件衣服。流程工业的产品是不能计数，只能计量，比如电力工业发的电就无法计数，只能以"度"来计量。混合制造业的产品加工过程，部分可计数，部分只能计量。如炼钢工业，炼钢生产过程的钢水只能计量，不能计数，而连铸机生产的钢坯可以计数。离散与连续制造企业特点不同，企业信息化的基础也不同。

流程工业企业的信息化基础是综合自动化系统。综合自动化技术的内涵是采用自动化技术，以计算机和网络技术为手段，将生产过程中的生产工艺技术、设备运行技术和生产过程管理技术进行集成，实现生产过程的控制、运行、管理的优化集成，从而实现管理的扁平化和与产品质量、产量、成本、消耗相关的综合生产指标的优化。如图10所示，企业综合自动化系统由企业资源计划（ERP）、生产执行系统（MES）、生产过程控制系统（PCS）、综合生产指标优化系统和数据库、计算机网络组成的集成支撑系统组成。

制造技术的发展过程如图11所示。1990年是

企业信息化

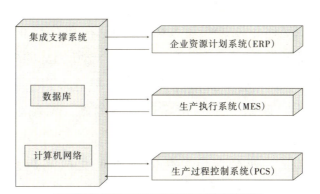

▲ 图10　企业综合自动化系统结构

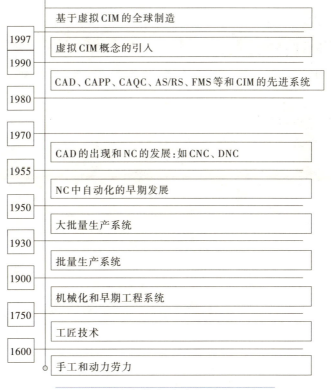

▲ 图11　制造技术的发展过程示意图

171

信息科学技术集

CAD、CAPP、CAQC、AS/RS、FMS 等和 CIM 的先进系统。到了1997年,世界上都引入了虚拟CIM的概念。到了现在,就是基于虚拟CIM的全球制造。当前的市场环境如图13所示。全球市场环境下的新CIM图如图14所示。

离散工业企业信息化的基础是集成制造系统。集成制造系统的结构如图12所示,由生产计划系统、制造执行系统和控制系统组成。其中制造执行系统由供应商管理、产品跟踪、文档/产品数据管理、过程数据/性能分析、质量保障、统计过程控制、操作者管理、维护管理、订单管理、工作站管理、物料跟踪管理、物料输运管理、

▲ 图12 当前的市场环境

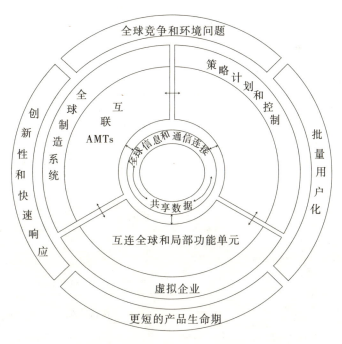

▲ 图13　全球市场环境下的新CIM图

数据采集、意外事件管理、计划系统接口等组成。

最后一个问题是企业信息化的实施策略。实际上企业信息化的实施存在很多风险,信息化项目的实施往往不理想、不成功。据《美国计算机世界》统计:信息化项目30%～45%在完成前就失败了,50%以上的项目超出预算和进度的200%或更多。企业信息化可以为企业产生高效益、高收益,但也可能为企业带来高风险。产生风险的主要原因有:(1)系统的高度复杂性。信息化系统是一个高度复杂的系统,企业信息化最终要走向智

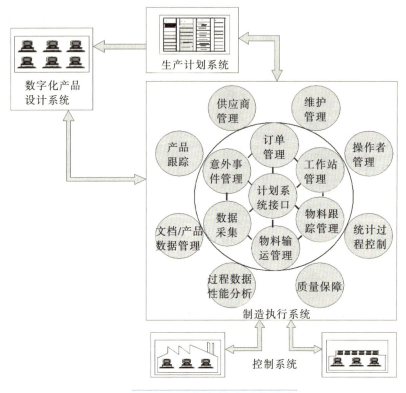

▲ 图14　集成制造系统结构

能化,必然会和人打交道,凡是有人进入的系统都是复杂性的系统。因为人是很难描述的,人有两个智能,一个是计算智能,计算智能可以由计算机来完成,另外一个是心智,它是很难描述的,人是高度复杂的,人进入企业信息化系统就使整个系统也具有高度复杂性。(2)系统高度动态性。(3)干扰性。(4)数字化与智能化的难度。(5)企业信息化的成败与制造的模式、管理的模式和生产流程合理性密切相关。

减少企业信息化项目风险的策略是:(1)企业信息化战略与企业经营策略高度融合。(2)实施一把手工程。企业信息化要结合企业改革和流程重组,并坚持企业信息化系统在使用中不断地改进与更新。因此企业信息化工作应由企业一把手亲自来抓。(3)总体规划、分步实施、突出重点、解决关键。(4)以提高企业知识生产力为目标,不断提高企业信息化系统的知识含量。提高企业信息化系统的知识含量有四个措施:(1)与制造模式和管理模式的创新相结合;(2)融入企业的专有技术;(3)开发者和使用者密切合作;(4)研发人员与设计(工艺)工程师、设备工程师、管理者密切合作。

四、案例

以酒钢选矿厂信息化建设为例来说明如何通过企业信息化提高企业的知识生产力,如何实现企业的扁平化管理和企业综合生产指标的优化控制。

甘肃酒钢选矿厂是酒泉钢铁(集团)公司的原料——铁精矿的生产厂,年处理铁矿石500万吨,其处理的铁矿石,属贫铁矿石,矿物组成复杂,铁矿物嵌布粒度细且粗细不均,属弱磁性难选矿石,矿石平均含铁品位33%。选矿过程涉及的主要设备总共525台,包括99台

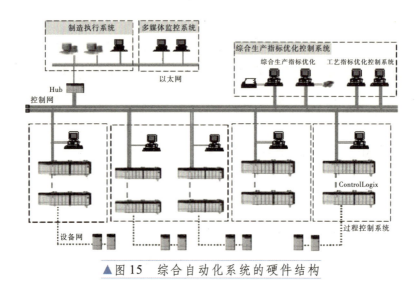

▲ 图15 综合自动化系统的硬件结构

振动筛、皮带运输与卷扬系统等矿石输送设备；竖炉、干选机等89台竖炉焙烧过程设备；球磨机、分级机、旋流器等77台磨矿过程设备；磁选机等68台强磁选过程设备；中磁机、弱磁机等99台弱磁选过程设备以及过滤机、真空泵等93台浓缩脱水和精矿输送设备。

由于矿石品位低、成分波动大，采、选工艺复杂，生产设备陈旧，选矿过程具有强非线性、多变量强耦合、工艺指标与生产指标难以在线测量、工况变化频繁、动态特性难以用数学模型描述等综合复杂性。选矿过程控制与管理采用金字塔式的管理模式，通过人工方式将金属回收率、精矿品位与产量、原矿处理量等综合生产指标分解为生产计划、作业计划、作业标准、工艺指标，最终由操作者将其转化为生产指令和控制系统的设定值去控制和管理生产过程,自动化程度低,难以实现综合生产指标的优化控制。因而造成金属回收率低、精矿品位低、生产成本高、资源消耗大、环境污染严重等问题。

对于存在的上述问题,公司领导高度重视,希望结合企业改革和流程重组,建立选矿生产控制指挥中心,实现扁平化管理。实施一把手工程,并制定"总体规划、分步实施,突出重点、解决关键"的总体指导方针。将企业信息化建设与选矿生产模式和管理模式的创新相结合。综合自动化系统研发人员与选矿工艺工程师、设备工程师、管理者密切合作,研发人员与现场操作人员密切合作,融入选矿专业专有知识和技术,采用混合智能优化控制技术和大型选矿过程全流程智能综合自动化系统,研制了覆盖矿石输送与布料(包括原料筛分与输送、矿石输送与干选)、焙烧过程、磨矿过程、强磁选别及弱磁选别、浓缩脱水(包括精矿和尾矿处理过程)与精矿输送等过程的酒钢选矿厂智能综合自动化系统,建立了选矿过程生产控制指挥中心。

选矿厂智能综合自动化系统硬件结构如图15所示,由综合生产指标优化控制系统、制造执行系统和选矿过程控制系统组成的。系统的计算机网络采用设备网(DeviceNet)、控制网(ControlNet)、以太网(EtherNet)三层网络结构。

智能综合自动化系统软件结构如图16所示,包括选矿过程控制系统软件、制造执行系统软件和综合生产指标优化系统软件。其中,选矿过程控制系统软件,包括矿石输送与布料、焙烧过程、磨矿过程、强磁选别及弱磁选别、浓缩脱水与精矿输送等过程控制软件;制造执行系统软件包括计划统计、生产调度、质量管理、能源管理、设备管理、动态成本控制和生产过程综合查询与辅助决策系统软件;综合生产指标优化系统软件包括综合

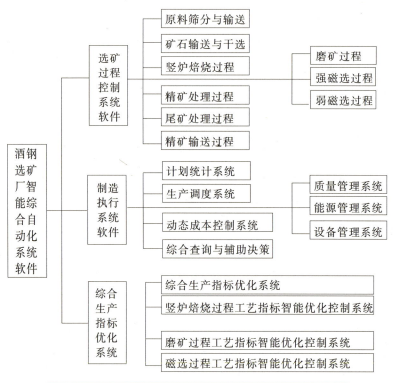

▲图16 酒钢选矿厂智能综合自动化系统软件结构

生产指标优化子系统软件、竖炉焙烧过程工艺指标智能优化控制软件、磨矿过程工艺指标智能优化控制软件和磁选过程工艺指标智能优化控制软件。

赤铁矿矿石的品位很低,采取焙烧—磁选工艺进行选别。首先要通过竖炉进行还原焙烧,焙烧后的矿石利用磁滑轮进行筛选,不合格的返回到返矿炉进行焙烧,合格的进入到磨矿过程,把矿石磨成工艺要求的合适粒度。然后进行磁选、脱水、浓缩,成铁矿粉,再把铁矿粉送到精矿库。具体设备图片见图17、图18、图19。

图17是竖炉,炉长12.76米,宽5.74米,高9.7米,有效容积100立方米。竖炉的操作是操纵人员通过炉侧的看火孔看火,凭经验调节阀门来调节煤气用量。24台竖炉被分成作业班,每个作业班都有多名操作人员,由于

▼图17　焙烧铁矿石的竖炉

人工看火控制,因此焙烧质量不高。

图18是磨矿工序,共有15台球磨机。焙烧合格的矿石通过皮带运输机、矿仓、下料漏斗和电振送到球磨机内部。在球磨机内部加有钢球,矿物和钢球一起随球磨机旋转,矿石夹杂钢球通过自由下抛时,互相之间的撞击,将矿石磨碎。从生产效益角度,希望球磨机进料越多,处理量就越大。但是矿石太多,超过球磨机的负荷,球磨机就不能运行,工艺上称之为"涨肚",涨肚以

▲ 图18 磨矿过程的球磨机

企业信息化

▲图19　浓缩大井

后,矿石都堵在里面,需要人工清理出来。这时操作工就会少加料,减少"涨肚"。加料少了,钢球和电消耗就高了。图19是脱水设备——浓缩大井,主要作用是采用絮凝剂将矿物絮凝在一起,使矿浆脱水,保证后续作业浓度。若絮凝剂用量过少,将导致溢流跑浑,底流浓度降低,不能很好地起到浓缩的作用,造成金属流失;若絮凝剂用量过多,大井底部会形成絮凝块即所谓"岛状物",严重时使整个沉泥凝结一体,造成耙子阻力增大,

最后导致设备故障。

企业的管理是金字塔式的。布料、竖炉焙烧、磨矿、磁选分别为四个车间,车间下面设有班组,上面是厂级管理,再上面是公司级管理。所以存在一个庞大的管理系统。

信息化第一是实现管理过程扁平化。生产控制指挥中心和综合自动化系统建立后,由四个人操作计算机控制全厂的生产,这四个人做的工作就是以前的四个车间。把整个管理全部压缩成一个控制室,即生产控制指挥中心。管理与控制的隔壁是调度室,也就是计算机生产计划调度。计划调度系统安装在生产管理计算机上。隔壁还有优化控制室,计算机优化控制系统安装在优化计算机上。这样选矿生产的计划、调度、优化、控制实现了扁平化运行方式,生产效率大大地提高了,改变了人工管理与控制的方式,全部实现信息化。管理干部和操作人员相应减少了,总共减了252人,均转移到其他岗位。

第二是提高企业知识生产力。为了将知识变成知识生产力,综合自动化系统研发人员与选矿工艺工程师、设备工程师、管理者密切合作,研发人员与现场操作人员密切合作,融入选矿专有知识和技术,实现了综合自动化系统的智能化。皮带运输系统中,矿物通过皮带运输到圆筒料仓。以前操作人员到料仓旁边看料位,通

企业信息化

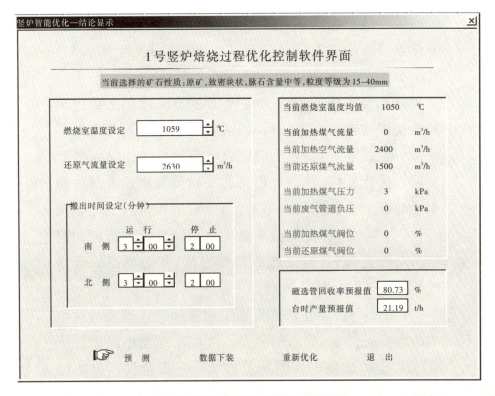

▲ 图20　竖炉焙烧过程优化软件

过电铃和现场的步话机进行联系，负责皮带操作的人员起停皮带运输设备，工人劳动强度大。现在皮带运输都是自动化控制的，操作人员在控制室通过监控系统，用鼠标就可以操作所有的设备，不用到现场。采用信息化技术，减少了工人的劳动强度，大大提高了知识生产力，使得布料过程的准确性和及时性得到了显著提高。

竖炉焙烧过程的控制也可以通过计算机来控制，竖

信息科学技术集

炉的运行信息和数据全部都显示在监控画面上，不需要操作员到现场去看炉况。不仅提高了知识生产力，而且减少了工人的劳动强度，改善了工作环境。

第三是实现企业综合生产指标的优化。企业追求的是经济效益或利润的最大化，具体就是实现与产品质量、产量、成本、消耗相关的综合生产指标的优化。图20所示为优化软件，该软件将工艺工程师和操作人员的操作经验和工艺知识固化下来，当生产边界条件变化频繁时，综合生产指标优化控制系统自动调整工艺指标和控制回路设定值，控制系统跟踪设定值，从而使得综合生产指标进入目标值范围内。

如图20所示，在软件界面上用鼠标选择输入当前生产的边界条件，如矿石的种类是大块矿还是小块矿。然后输入竖炉焙烧过程的质量指标——磁选管回收率的目标值，优化软件就计算并给出在当前工艺情况下，各个控制回路的优化设定值。此时，可以采用预报模型预报一下磁选管回收率和产量能否达到要求，如果不满意，可以修改回路设定值。如果满足要求，用鼠标点击软件界面上的"数据下装"按钮，控制回路设定值就下装到底层控制系统中了，控制系统使得实际的过程变量，如燃烧室温度、还原煤气流量和焙烧矿石的搬出时间等跟踪设定值，最终使得竖炉焙烧过程的质量指标——磁选管回收率进入目标值范围内,实现磁选管回收率的优化控制。

焙烧过程、磨矿过程和磁选过程具有多变量强耦合、强非线性,难以用精确数学模型来描述,工艺指标(磁选管回收率、磨机负荷、矿浆粒度、磁矿精矿和尾矿品位)不能连续在线测量,难以用系统的输入与输出的解析式子来表示的综合复杂性,因此难以采用常规的优化控制方法进行优化控制,综合生产指标优化控制系统实现了工艺指标的优化控制,使得竖炉台时产率提高0.7 T/h,磁选管回收率提高2%;磨矿粒度(200目)强磁选提高3.76%(从72.96%到76.72%);弱磁选提高2.46%(从73.70%到76.16%),强弱磁粒度合格率强磁选提高6.75%(从86.89%到93.64%),弱磁选提高7.43%(从86.68%到94.11%),球磨机断料次数平均减少53.5次/月,磁选过程泵的运行周期提高了50%以上,阀门使用寿命延长2倍以上。

选矿企业信息化系统实现了选矿过程综合生产指标的优化控制和扁平化管理,使得金属回收率提高2.01%,精矿品位提高0.57%,原矿处理量提高12万吨/年,设备运转率提高2.98%,操作人员减少50%,消耗减少20%,全厂节电725.40万千瓦时/年,取得上亿元的经济效益。

本案例表明只要将企业信息化建设与提高企业知识生产力、实现企业管理扁平化和全局优化相结合,一定会大大提高企业的竞争力,为企业创造显著的经济效益。

信息技术与企业竞争力

吴 澄

一、信息化
二、哪些信息技术可用于企业的技术进步
三、以信息化带动工业化
四、走出误区,减少风险,实现快速、持续发展
五、结论

【作者简介】吴澄,自动控制专家。1940年1月14日出生,浙江省桐乡市人。1962年毕业于清华大学,1966年清华大学研究生毕业。清华大学自动化系教授。国家"973计划"项目首席科学家,国家CIMS工程研究中心主任。1987—1992年,主持多学科科技人员联合攻关,共同完成了我国第一个计算机集成制造系统(CIMS)试验工程,解决了我国企业实施CIMS工程的总体关键技术,确保了信息集成的实现。从国家"863计划"启动之日起,参与并领导了CIMS主题的发展规划及组织实施,曾任

"863计划"CIMS专家组组长、自动化领域首席科学家,全面参与了研究、攻关、应用,特别是高技术的成果转化工作,为我国CIMS试点企业取得明显的经济效益和社会效益、走出一条符合我国国情的CIMS成功之路作出了重要贡献。我国CIMS的研究和应用水平得到了国际同行的重视。先后获得由美国制造工程师学会评出的"大学领先奖"和"工业领先奖",这使我国成为美国以外唯一获得这两个大奖的国家。

1995年当选为中国工程院院士。

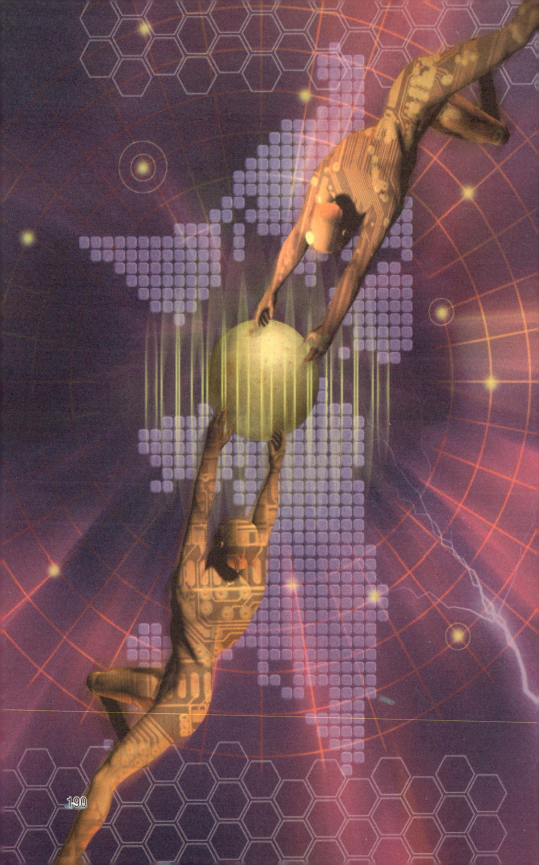

一、信息化

2002年《全球信息社会冲绳宪章》明确提出了三个意思：信息技术是影响21世纪发展的最强劲的驱动力量；信息化是由信息技术驱动的经济和社会的变革；信息化的本质是利用信息技术帮助社会个人和群体有效利用知识和新思想，从而能建成充分发挥人的潜力、实现其抱负的信息社会。

在2003年，信息社会全球峰会（WSIS）有一个原则宣言：建立一个以人为本的、有包容性的和以发展为目的的，人人可以创造、获取、使用和分享信息和知识，使个体和各国人民均能充分发挥自己的潜力，促进其实现可持续发展并改善其生活质量的社会。

中国国家信息化专家咨询委员会与世界银行有一个合作研究项目，其中提出的《中国信息化发展战略预研究报告》称："信息化是由信息技术驱动的社会经济变革，其本质是在信息网络环境下有效利用信息和知识，充分发挥人的潜能，促进经济增长和社会发展模式的根本改变。"它的要点是：

——信息化是由信息技术驱动的，是一个技术主导型的变革过程。

——信息网络环境建设及加强。在网络上信息和知识的有效利用是信息化的主要手段。

信息科学技术集

——对信息化的需求主要表现在要充分发挥人的潜能,促进经济增长和社会发展模式的改变,这也是信息化的综合目标。

用这三段话,对照我们的认识,可以看看我们对信息化的认识是否到位了。

信息化的内涵包含了信息产业,也包含了信息化的对象,即信息技术的应用。应用对象可以是政治、社会、经济、军事、文化。经济方面的应用可以是第一产业——农业,第二产业——制造业,第三产业——工业。所以信息化有非常广泛的含义。信息产业对GDP的贡献大概是12.3%,是各行业之首。其他行业如纺织、化工、冶金、设备、交通、机械,这些传统工业以及电子等新兴工业,它们加起来的产值比信息产业大得多。然而这些行业都要采用信息技术,所以信息化应用的对象所带来的国家经济的发展的贡献显然超过了信息产业本身。信息化大有用武之地。

我国对信息化的认识是很到位的。《中共十五届五中全会公报》(2000 10 11)指出:"继续完成工业化是我国现代化进程中的艰巨的历史性任务,大力推进国民经济和社会信息化,是覆盖现代化建设全局的战略举措,以信息化带动工业化,发挥后发优势,实现社会生产力的跨越式发展。"

"十六大"的报告说得更加明确:"实现工业化仍然

信息技术与企业竞争力

是我国现代化进程中艰巨的历史性任务,信息化是我国加快实现工业化和现代化的必然选择。坚持以信息化带动工业化,以工业化促进信息化,走出一条科技含量高、经济效益好、资源消耗低、环境污染少、人力资源优势得到充分发挥的新型工业化路子。"

为什么说信息化是加快实现工业化和现代化的必然选择呢?

产品的更新换代越来越快。从知识转变为技术,再转变为产品的时间越来越短了。这是市场竞争越来越激烈的结果。

企业压力越来越大。原来我开发一个产品可以几十年不变,现在开发了一个产品很快就会被淘汰,所以只有不断地开发新产品。知识—技术—产品的更新周期越来越短。有几个例子:从1782年发现摄影原理到1838年发明照相机,用了56年;从1831年发现电学原理到1872年发明发电机,用了41年;从1948年发现半导体原理到1954年发明半导体收音机,用了6年。这说明产品更新越来越快。顾客对产品功能、性能、质量要求更高;能参与全球竞争的企业更多;跨国公司的垄断性更明显;企业的兼并重组更激烈、更动荡;一般水平的产品,其制造能力严重过剩;环保意识、绿色制造呼声更强等。这些是当前全球化市场的特点。

另一方面,信息技术给市场竞争带来什么影响,是

信息科学技术集

否有利于解决前面所提到的问题。答案是肯定的。

互联网促进了全球化市场的形成,信息技术是全球化进程中的主要手段,地球变小了,世界变小了,这主要是信息技术引发的。在互联网的支持下,以前想不到的经营模式都可以实现。以客户为中心,用户参与设计,地理界限的结束,快速响应,24小时×7天的全天候服务,按照客户的要求来做,网上订货,货比三家,市场供应,新的服务等都可以在互联网上实现。互联网造成了竞争更加激烈,也创造了在竞争中取胜的机遇。

互联网带来的变化:

互联网带来的新概念	由新概念而导致的变化
信息传递没有时空距离	通过网络,企业间的合作、企业与用户的合作可以更加密切,网络提供了无限的商机,使企业的业务范围扩展到全球
网络面前人人平等	在网络空间,人人都可以是信息发布者和信息接收者,大家面对的信息,接受概率是相同的
信息是资源,知识是财富	网络具有强大的信息受理、检索和传输能力,使人们能够很方便地获取信息和知识
层次结构扁平化,信息传递直接化	在网络中,企业的最高层和最低层可以直接对话,生产厂家和最终消费者可以直接交易,中间层次和中间商将被挤清,企业可以通过网络让用户直接参与设计,可以为用户提供大规模定制化的服务

续表

互联网带来的新概念	由新概念而导致的变化
新的空间,新的经营方式	出现网上销售、网上展览、网上广告等新的经营方式,出现了规模巨大的电子商场、网上交易、24小时营业的网上公司和网上银行
网络空间是虚拟空间,可以存在物理空间中不曾有过的虚拟事物	从客观实际出发,借助网络空间的帮助,虚拟出只有在网络空间才能存在的事物,然后加以运作和实施。例如虚拟企业、虚拟商场、虚拟学校、虚拟医院等,还可以进行虚拟设计、虚拟训练、虚拟制作等
网络空间是一个高速运转的"快吃慢"空间	在网上,行动迅速是企业生存的秘诀,唯有不断在技术、服务上领先,才能立足
在互联网上,注意力本身具有了可资本化价值	赢得注意力就是赢得网站在网络空间中的生存权,赢得注意力的方法,有提供免费服务、提供优良和独特的服务,提供网上用户最需要的信息等

概括来讲,信息技术在以下五个方面发挥着越来越重要的作用:

一是产品的更新换代越来越快,这是一个趋势,只有利用信息技术才能适应这种趋势。

二是产品的技术含量的提高,突出了独占性技术即自主知识产权的技术,突出了创新,信息技术有利创新。

三是信息技术已经渗透到了产品的设计、制造、管理和营销的全过程。

四是信息技术促进了企业现代化管理,不仅改变了企业的结构,也更有利于企业的资源优化利用。

五是产品的T(开发周期)、Q(质量)、C(成本)、S(服务)的竞争越来越激烈,信息技术有利于共享各种资源,有助于不断完善T、Q、C、S。

二、哪些信息技术可用于企业的技术进步

将信息技术用于企业产品设计、制造、管理和销售的全过程,以提高企业的市场应变能力和竞争能力,这是企业信息化的主要内容和目标。

这里主要谈谈企业信息化的主要内容。企业信息化包括四个方面的内容:

一是产品设计信息化。各种计算机辅助设计技术,如CAD(二维、三维的设计)可以方便实现变型设计、参数化设计,计算机辅助工艺设计(CAPP)、计算机辅助工程(CAE)、计算机辅助制造(CAM)等。这些技术是可以立竿见影的。

产品设计信息化的发展趋势是智能化设计、协同化设计、虚拟化设计。

协同化设计可以是用户参与的设计,也可以让多学科的专家在网上实现异地设计。在网上相互讨论、修改设计,把产品的功能、性能,甚至成本方面都尽早考虑

到。

并行工程是支持协同产品开发的一种方式。传统的设计往往不考虑或很难考虑装配和制造中产生的问题,特别是对复杂的机电一体化的产品,所以会频繁地修改方案设计和工艺设计,这样成本就提高了。

在传统的产品串行开发流程中,设计与制造是两个独立的功能部门,缺乏支持群组协同工作的计算机与网络环境。而并行产品开发流程在设计阶段就考虑后续环节可能产生的问题,进行DFA(可装配性设计)、DFM(可制造性设计)等,这就大大减少产品开发中的反复和改动,缩短了产品开发时间,降低了开发成本。

它是在全数字化定义,产品数据管理,网络的开发环境下进行的。

所谓虚拟化设计,就是在计算机上把制造过程以及产品性能等所有问题都尽量考虑到,如同做一台数字的样机。

这些技术对于产品的创新开发是非常有效的,特别是对于复杂产品的研发。

除了产品设计的信息化,企业管理信息化是另一类用于企业信息化的技术。要支持企业管理现代化,首先企业的过程要合理,经营过程要重组,不能在不合理的经营过程上实现信息化,这会导致管理信息化的失败。所以,首先要简化,要合理优化。这就需要把信息化的过程和企业经营理念,体制机制的改革结合起来。ERP是现在流行的支持管理信息化的技术和软件。ERP需要更好考虑对动态成本管理和对部门/人的绩效管理。我国有些国产软件在这些方面是有特点的。

企业信息化的第三方面是加工制造信息化与自动化。支持加工制造的各种自动化装备及生产线包括:数控技术的应用、FMC、DMC……DCS、现场总线等技术的应用、现代物流系统、工业机器人、快速原型制造……复杂生产制造过程的智能控制,复杂生产制造过程的优化调度。

在加工自动化方面,现代装备都需要高效、低耗、安全使用方面的电子技术的支持,而不断发展的电子技术和智能技术几乎无所不在。各种各样的嵌入式系统是可以大有作为的。

智能化的优化调度在复杂生产过程中会得到更广泛的应用。对于降低能耗、物耗,提高劳动生产率有重要意义。这对我国当前有明显的现实意义。工业应用的许多案例说明,这种技术在汽车、钢铁、纺织等许多行业都有效。MES(制造执行系统)的核心内容是生产制造过程的优化调度。

企业信息化的第四个方面是网络化。网络可以让企业更直接地参与全球制造的某些环节,更直接地面向用户。也可以在更大范围内优化利用企业外部的各种资源，以"结盟"的形式更快地响应市场。既竞争又联合（重组）是当今的新特点。企业的网络化制造包括网络化协同设计和制造、现代物流、供需链管理、电子商务等。

集成化是企业信息化迟早要碰到的问题，这对于消除企业内的各种各样的信息孤岛，以便更快响应市场，充分利用各种资源有直接好处。数据库、网络是企业信息集成的基础。PDM对设计过程的集成是有用的。对于一个企业来说，把产品的数据管好了，企业的效率就大大提高了。PLM在一个更大的范围考虑企业内的信息集成。产品全生命周期（PLM）是产品制造过程和产品使用过程的全面管理。PLM以统一的产品数据模型为核心，将设计、制造、销售、服务和回收等产品全生命周期内涉及的各种数据集成在一个统一的平台上进行管理。通过该平台，企业各部门的员工、最终用户和合作伙伴等可以高效地协同工作。

我国企业处在信息化的初级阶段，可以按照自身需要应用CAX、管理信息化、生产加工信息化与自动化。也就可以进一步深入应用PDM/PLM、信息集成、虚拟制造、并行工程、敏捷供需链与电子商务、CPC、网络化制造等。从企业进化过程来看，这一过程是从局域网、广域网到互联网，从数据管理到信息管理再到知识管理，从信息集成到过程集成再到企业集成，从传统企业、计算机应用到计算机集成企业再到数字化企业的发展过程。

三、以信息化带动工业化

以信息化带动工业化有以下八个方面的好处：

第一，可以加快企业市场竞争中的T、Q、C、S。

一些在20世纪90年代实施信息化的企业都可以作为成功的案例：如沈阳鼓风机厂采用了CAD/CAPP/CAE/CAM集成、MRP Ⅱ、DNC、产品报价系统等并在网络数据库下集成。其成效是产品交货期从18个月缩短到10～12个月，报价周期从6周缩短到2周，设计生产能力从29台升到54台，质量成本下降79.7%。从1995年起，从世界同行排名第十五六位上升到了第六位，新产品的产值1996、1997、1998年分别为52%、56%、73%，高新技术产品产值率逐年上升，1998年达到63.4%，主导产品——透平压缩机国内市场占有率为80%。信息化加强了企业与国际同行竞争的能力。这样的例子是很多的。

第二，可以加快企业产品结构调整。

例如山西经纬纺织机械厂采用了CAD、MRP Ⅱ和信息集成、虚拟制造等技术，改变了按传统办法开发新型剑杆织机的方式，新品开发从原来的10年缩短到2年以内，并很快形成了1000台的年生产能力。

第三，可以提高企业产品的技术含量。

例如徐州工程机械集团在装载机、混凝土摊铺机的设计制造中采用信息集成、虚拟装配、智能技术,装载机厂新产品开发从每年3~4个增加到6~8个,完成了装载机、沥青混凝土摊铺机、沥青混凝土搅拌站3个产品改造,机器人化装载机形成系列,达到国际同类产品20世纪90年代后期水平,试产当年销售332台,出口到美国、南非、沙特、土耳其等国家和地区,销售额达1.1亿元。以机器人技术带动了产品的升级换代,使传统工程机械产品在短期内增强了国际竞争力。

第四,可以促进企业现代化管理,实现新的管理模式。

邯钢的"模拟市场核算,实施成本否决"的生产管理模式是全国闻名的,黑龙江斯达造纸厂采用了"基于旬成本核算的动态成本控制的生产管理模式",使成本控制由事后变为超前,由静态变为动态,由定性变为定量。对于这些先进的管理理念,用计算机软件、网络支持,实现了现代化的管理,效益进一步提高。

第五,可以实现行业内的资源优化利用。航空工业集团首次完成了基于金航网的异地集成设计、制造、应用,采用了全数字化定义和可装配性设计,实施了并行工程与PDM技术,达到了部件级异地无纸设计和制造的水平。其成效是研发周期缩短了25%~48%,减少出错返工率45%~80%,研制成本降低了25%,创汇1570万

信息科学技术集

美元。

第六，可以支持企业现代营销系统及电子商务。

例如重庆华陶公司采用了CAD、网络化设计、网络化销售等，实现了陶瓷产品按用户需要快速开发，出口创汇近两年连年翻番。中央电视台《科技之光》栏目播出了节目《CIMS使古老的陶瓷行业再现辉煌》，反映了信息化使古老的传统产业发生的深刻变化。

第七，可以支持和促进企业自主创新能力。

信息化的目的之一是支持人的潜能的发挥。信息化给企业提供了发展新模式，创新了产品设计开发过程，帮助人们深入了解产品的机理，提高了产品的技术含量。更重要的是，信息技术可以营造发挥人的创新潜能的环境，把人从繁琐的工作中解放出来，把更多的精力用于创新性的工作。

第八，可以增强企业与国际合作的能力。

在今天，没有信息化的技术支持是很难开展国际合作的。哈尔滨电机有限公司标书制作周期由2～3个月缩短到2～3周，每年材料成本节约1000万元以上，与法国、挪威等国企业实现了多国异地联合制造。

四、走出误区，减少风险，实现快速、持续发展

当前认识上的不足与误区是：一，对信息化中经常

提到的"必然选择"、"带动"和"促进"三个关键词认识不足，不到位。二，片面理解制造业信息化的内涵，造成信息化的实施缺少明确的总体思路。三，把企业信息化看成一种固定的模式。四，把信息化看成一个单纯的技术问题，看成是某种新技术的应用。信息化当然是新技术的应用，但是它涉及体制、机制等诸多问题。五，把推进信息化与管理现代化分隔开来。六，不重视过程重组、基础数据及人员培训。

我国企业要进步，一定是两个轮子——信息化与管理现代化一起走路。我国企业的瓶颈多数是新产品开发能力差，管理粗放。信息化要根据不同企业的不同情况具体进行，没有一个固定的方案。

企业如何快速、持续发展？关键是观念和方法上的转变。具体讲，要做到"五要"、"四不要"。

"五要"：

一要针对我们制造业的瓶颈进行创新，而不是简单地照搬国外的做法。

二要有系统的观点，即要有"综合治理"观念和"系统发展模式"。制造业的竞争力问题是个综合性问题，即系统问题，各种有效的办法要一起上，而不能各行其是。我国企业主要的问题就是各行其是，认为信息化就是管技术的人的事。竞争力问题是个系统问题，所以站在系统高度，统筹规划信息化是关键。

三要从管理入手,从政策入手,这在当前对多数企业是普遍有效的、省钱的。企业的竞争优势不仅是技术,而且包含在机制上、理念上、企业文化上的创新。

四要加强信息、工艺和管理(集成也是管理),要加强产品开发环节,强调管理。当前多数企业车间层要适度自动化,提倡数控。除了少数要求生产率很高的企业,如烟草、家电、汽车等行业外,对多数企业并不提倡FMS及自动化程度很高的生产线,提倡CAD/CAM、PDM、CE、VM、MRPⅡ、ERP、BPR等相对花钱较少、适用性更大的技术和软硬设备。

五要转变观念。科技界要从国民经济、国家安全的急需去寻找思路,同时需要克服计划经济的影响。从技术到技术,解决不好我国制造业的生存和发展问题。领导部门和企业界也要摆脱计划经济模式的影响,要从现代化管理和高技术中寻找企业生存发展的道路。

四不要:一是不要不问产品和市场,单提高装备及工艺能力,花巨资引进,导致技改"早改早死,晚改晚死,不改等死"的结果。中国的企业受长期计划经济的影响,往往是"两头小,中间大":产品开发可以20年一贯制;市场开发政府会包下来;企业往往只是中间的制造那一块。所以传统的技改就是加强中间那一块。但是今天企业没有产品,没有市场,企业就得垮。先进设备是要的,但是一定要建立在产品和市场的基础之上。企业的技改要加强产品开发和市场开拓。所以传统技改要改变。二是不要什么都做,搞"小而全"、"大而全"的生产模式。你不可能什么事都比别人做得好,你只有把你最好的事做好了,你的效益、效率才会提高。三是不要只是基于廉价生产力和批量生产的价格战。不重视产品开发,不重视科技进步,公司从长远看是危险的。四是不要研究与经济建设脱节。狭隘的门户观念以及保守性阻碍了学科与技术的渗透和集成。

五、结论

1. 正确理解"以信息化带动工业化"的时代特征和战略特征,并深入理解"以信息化带动工业化"的带动作用是实施制造业信息化的最重要基础,认识到位才能行动到位。

2. 正确全面理解制造业信息化的内涵可以避免片面性。

3. "效益驱动,总体规划,分步实施,重点突破",可以克服科技和经济"两张皮"的状况。效益驱动就是把科技的毛长到经济的皮上去。企业信息化要持续发展,克服头痛医头,脚痛医脚的短期行为,总体规划是必要的。信息化没有止境,不可能一步到位,分步实施是正确的选择。

4.制造业信息化不只是技术问题,应该用系统观点特别是复杂系统的方法作指导,整合管理创新、技术创新、知识创新,确保制造业信息化实施成功。

5.需求分析、技术方案、效益预测是企业实施信息化工程贯穿始终的要点,在企业的各种具体条件下不断交互修改,求得一个符合实际的满意解。

6.说到底还是转变观念的问题,这对企业家、技术人员、领导而言都是重要的,有现实意义的。

从消费大国到产业强国

王阳元

一、集成电路产业的战略性
二、集成电路产业的市场性
三、集成电路技术发展方向
四、我国集成电路产业的战略目标
五、战略实施举措

【作者简介】王阳元,微电子学家。浙江宁波人。1958年北京大学物理系毕业。北京大学微电子学研究所教授、所长。1995年当选为中国科学院院士。

主持研究成功我国第一块3种类型1024位MOS动态随机存储器,是我国硅栅N沟道MOS集成电路技术开拓者之一。提出了多晶硅薄膜"应力增强"氧化模型、工程应用方程和掺杂浓度与迁移率的关系,对实践有重要的指导意义。研究了亚微米电路的硅化物/多晶硅复合栅结构的应力分布。发现磷掺杂对固相外延速率的增强效应以及$CoSi_2$栅对器件抗辐照特性的改进作用。提出了SOI器件浮体效应模型和改进措施。发展了新型SOI器件结构,与合作者一起提出了超高速多晶硅发射极晶体管的新的解析模型和先进双极工艺技术。曾作为全国ICCAD专家委员会主任,领导组织研制成功了我国第一个集成化ICCAD系统。研究微机电系统(MEMS),建立国家级微/纳米加工技术国家重点实验室,从基础层次上提升了我国MEMS研发水平。作为发起人之一,创建了中芯国际(SMIC)集成电路有限公司,建成了我国第一条300纳米芯片生产线。

210

从消费大国到产业强国

一、集成电路产业的战略性

1. 世界经济背景

18世纪初,人类社会处于农业和手工业时代。1750年(清乾隆十五年),中国的GDP总量占全世界的32%,堪称世界强国。但也正是在这一时刻,蒸汽机的出现与广泛应用点燃了产业革命的火炬,人类开始步入工业时代。俄国经济学家康德拉季耶夫在1926年发表了经济发展的长波周期理论,其后许多学者又不断丰富了这一研究成果。该理论认为,自1780年至1980年,世界经济的发展大致经历了四个长波周期,每一个周期的经济引擎分别是纺织、钢铁、电力、石化和汽车。英国、美国、日本分别利用这些引擎实现了经济的跨越式发展。1980年至2030年为第5个康氏周期,其经济引擎为信息。

2. 中国经济背景

20世纪70年代的改革开放为中国经济的飞速发展注入了青春活力。2004年,中国GDP在世界184个国家中位居第六,成为经济总量大国,但在综合竞争力和科技创新能力的排名中仍处于发展中国家的行列,而人均GDP则仅为1352美元,不足世界平均水平6444美元的1/4,距世界强国尚有很大差距。

为保障今后中国经济能够持续、稳定、快速发展,必

须正视以下三个问题:

(1) 能源消耗

目前,我国生产每万元GDP的能耗是世界平均值的3倍;每千克标准煤产生的GDP为0.36美元,仅为世界平均值1.86美元的1/5。

(2) 粗放经营

由于我国多数产业仍处于产业链的下游,以产品末端加工为主,因此利润率很低。2005年,中国电子行业平均利润率为3.4%,而英特尔公司和三星公司2004年财务报表显示,其利润率分别为22%和18.6%。

(3) 创新力弱

据国家知识产权局田力普局长介绍,2005年,中国每万人获得专利为10.8件,分别为美国、日本、德国、法国的1/150,英国的1/100,韩国、印度的1/50;拥有自主知识产权核心技术的企业仅为万分之三;未申请专利的企业占99%;自主创新高技术产品在出口额中仅占2%。

3. 集成电路产业的战略地位

集成电路于1958年问世,经过近半个世纪以来的技术推动和市场牵引,无数实践已经印证了"集成电路是信息产业的基石"这一无可置疑的事实。发展具有战略意义的集成电路产业以占领科技、经济和军事制高点正在成为许多国家的共识。目前,距2030年还有二十几年的时间,抓住这一重要的历史机遇,通过发展集成电路产业来为信息引擎增加动力,从而推动我国经济持续、稳定、高速地发展,是我们必须认真研究的课题。

经过多年研究,我们认为集成电路产业的发展与电子工业、GDP之间存在如下的关系:

(1) 规模关系

20世纪70年代,集成电路产业初步形成。1975年世界GDP总量与集成电路产业规模的关系约为1000∶1。其后,由于集成电路产业以远高于GDP的增长速度发展,其产业规模急剧扩大,该比例以平均每年递减约6%的速度下降。预计到2020年,GDP、电子工业、集成电路产业规模的关系为100∶10∶1。2020年,根据SIA和Nikkei Business的预测,世界GDP和电子工业产值分别为60×10^4亿美元和5×10^4到6×10^4亿美元。根据国内专家预测,2020年世界集成电路工业总产值为5000到6000亿美元。

(2) 速度关系

根据国际货币基金组织(IMF)、SIA和IC Knowledge的统计及预测,自1960年至2010年,世界GDP的平均增长速度为3%左右,电子工业为6.3%到9%,半导体工业为13.3%到15%,即世界半导体工业的发展速度约为GDP增速的5倍。

二、集成电路产业的市场性

集成电路产品既具有重要的战略地位,同时由于其在国民经济中的广泛应用而又具有极强的市场性。

1. 指数增长

据WSTS统计,1975年世界半导体市场总额为49亿美元,2005年为2371亿美元。30年间市场规模扩大了近50倍,不同年份的市场变化虽有起伏,但总趋势呈指数增长,平均增长率为13.3%。

2. 周期性变化

集成电路产业近30年呈现了10年周期性的发展规律。

(1) 应用市场的10年周期

1975年到2005年,集成电路应用分别以大中型计算机、PC机、移动通信和网络为主的四个阶段市场引擎牵动,每个引擎的主要作用时期为10年(见图1)。

(2) 市场涨落的10年周期

上述每个10年周期中,集成电路市场都呈现出具有

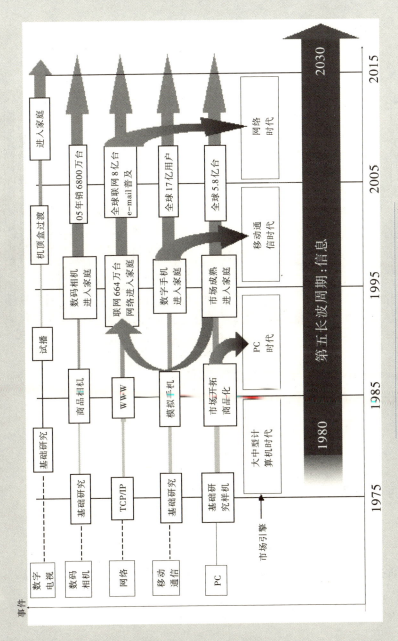

▲图1 集成电路应用市场的10年周期

信息科学技术集

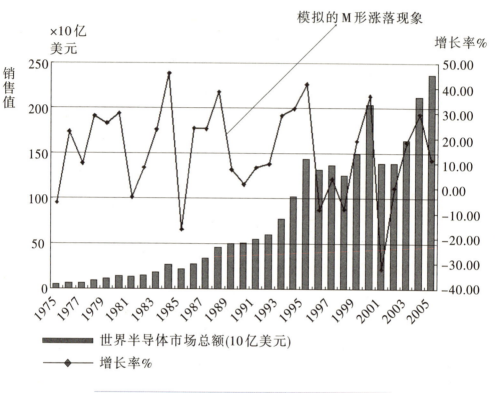

▲图2　世界集成电路市场的10年"M"形涨落周期

两个峰值的"M"型涨落现象(见图2)。

(3) 技术发展的10年周期

集成电路的核心技术是"光刻",每隔10年,主流光刻技术进行一次升级,产品特征尺寸、工作速度、封装形式及设计工具也均由新一代技术引领向前发展(表1)。

表1 集成电路"一代技术"的10年周期

	第一代	第二代	第三代	第四代	第五代
时间(每代10年)	1975~1985	1985~1995	1995~2005	2005~2015	2015~2025
主流光刻技术光源	g线	i线	准分子激光	EUV+浸渍	
光源波长(nm)	436	365	248	193	
特征尺寸(μm)每代缩小约1/3	≥1	1~0.35	0.35~0.09	0.09~0.032	0.032~0.010
DRAM主流产品Bit数	≤1M	4M~16M	64M~256M	1G~4G	≥16G
CPU代表产品	8086~386	Pentium Pro	P4	多核架构突破功耗	
CPU 晶体管数	10^4~10^5	10^6~10^7	10^8~10^9		
CPU时钟频率(MHz)每代增10倍	(2~33) 10^0~10^1	(33~200) 10^1~10^2	(200~3800) 10^3~10^4	非主频衡量标准	
Wafer直径(英寸)(1英寸=0.0254m)	4~6	6~8	8~12	12~16	
主流设计工具	LE~P&R	P&R~Synthesis	Synthesis~DFM		
主要封装形式	DIP	QFP	BGA	SiP	

(4)产品生产的10年周期

集成电路主要产品从研发到生产高峰约需10年(见图3)。

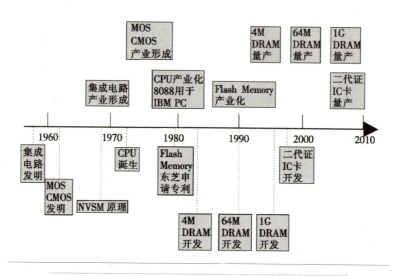

▲ 图3　集成电路从产品开发到产业化的10年周期

为此,中国集成电路产业发展必须根据市场需求和技术发展路线提前10年进行战略部署,2005年到2015年的自主技术开发已启动,2015年到2025年的纵深部署预研也已纳入科技规划日程尽早安排。

3. 市场分布

2004年,亚太地区(包括日本)的集成电路市场约占世界市场总额的2/3。中国、日本、其余亚太国家和地区、北美和欧洲的市场分别占世界市场的23%、21.7%、18.7%、18.5%和18.1%。

20世纪,集成电路终端用户以计算机为主,1975年到1985年,大中型计算机是集成电路的主要消费者;1985年到1995年,PC机成为集成电路的最大用户。2000年,计算机、通信、消费类电子产品、工业、汽车、军事分别占集成电路应用市场的57%、17%、12%、8%、5%和1%;而2004年,该市场分布变为32%、25%、13%、16%、8%、6%,工业、汽车、军事应用市场大幅增长,通信市场比例急剧上升。集成电路应用向国民经济各领域的渗透作用迅速凸显。

4. 中国集成电路市场的特点

(1) 市场规模世界第一

2005年,中国集成电路市场总额为3803亿元,占世界市场24%,成为世界第一大市场。预计到2010年,该市场将扩大到7000亿元,占世界市场的31%。

(2) 增长速度世界第一

近十年来,中国集成电路市场平均增长率为41%,约为世界集成电路市场增长率的3倍。

(3) 外贸逆差国内第一

2005年,中国集成电路进口额为788.2亿美元,是进口石油各类产品的1.36倍,是进口钢材、矿产品的1.8倍,居贸易逆差榜首,差额为650.7亿美元。

因此,我国目前尚处于集成电路"消费大国"的历史阶段。

信息科学技术集

三、集成电路技术发展方向

20世纪30年代诞生了量子论和能带论,为集成电路技术奠定了理论基础。20世纪50年代的晶体管和60年代的集成电路发明使微电子技术沿着"小型化"的道路飞速前进。21世纪的集成电路技术则由"纳米科学"及"纳米电子学"引领持续发展,主要方向是低功耗、高性能和系统集成,主要标志是纳米工艺和SOC(System on Chip)设计。

集成电路技术发展方向有两个途径:一是自上而下不断缩小加工尺寸的Scaling down,另一个是自下而上基于自组装方式的Bottom up。二者的交汇点将有可能为集成电路技术发展带来新的突破和机遇。

1. 集成电路器件与工艺技术

目前,集成电路的主流加工工艺已进入纳米级(小于0.1微米)阶段。英特尔公司于2005年10月发布了采用65纳米工艺生产的64位双核CPU Core(中文名称"酷睿")系列产品;接着又宣布了应用45纳米工艺的电路研制成功;国内企业中芯国际集成电路公司的大生产技术已进入90纳米,65纳米即将进入生产,45纳米技术正在组织预研。

根据ITRS预测,2010年集成电路生产工艺达到45纳米,2013年为32纳米,2020年为10纳米。继续缩小加工尺寸将遇到一系列器件的物理限制和互联问题。从器件角度看,纳米尺度CMOS器件中短沟效应、强场效应、量子效应、寄生参量的影响、工艺参数涨落等问题对器件泄漏电流、亚阈值斜率、开态电流等性能的影响越来越突出,对电路的速度和功耗也将产生很大影响。随着集成度和工作频率增加,功耗密度增大,导致芯片过热,可引起电路失效。另一方面,进入纳米尺度后,互联电阻及互联电容不仅对电路速度的影响更为明显,而且会对信号完整性产生影响,逐渐成为影响电路最终性能的重要因素。

从纳米器件物理方面而言,主要问题有:

- 栅多晶硅耗尽效应和栅寄生电阻
- 栅介质结构变化与厚度的减少导致漏电电流增加和可靠性降低
- 迁移率退化、Band-to-band和SD遂穿效应
- SCE(短沟效应)和串联电阻及接触电阻

为解决上述器件物理限制问题,目前的研究方向有:金属栅、高K栅介质、双栅/多栅器件、应变沟道技术、高迁移率材料、超浅结技术和新的源漏技术等。目前,我们已在上述范围内研制出多种"非经典CMOS"器件,

包括:沟长32纳米的新型非对称梯度掺杂漏(AGLDD)垂直双栅器件,其开关比达到2.1×10^6;新型MILC自对准平面双栅MOS晶体管;基于双栅器件的三维集成CMOS技术等。

从互联技术方面来看,研究方向主要有:铜互联技术、扩散阻挡层、低介电常数材料、互联结构模拟与设计、多壁碳纳米管通孔、电路级三维铜互联架构。由于在小尺寸下光互联比铜互联的时间延迟更小,有可能产生光互联、射频互联等全新信息传输方式。

相比于Scaling down途径的纳米CMOS器件,基于Bottom up途径的后CMOS时代的纳米器件研究也十分活跃。现有的器件基本都是基于电子电荷的器件,但实际上可采用其他量来实现逻辑控制,如自旋、相位、多极取向、极性、磁量子通量、分子组态和其他量子态等等都是可以考虑的范畴,这不仅带来器件工作机制上的突破,也可以从根本上解决速度和功耗问题。主要研究方向有:基于1D结构的碳纳米管(CNT)/纳米线(NW)器件、分子器件、自旋器件、RTD器件和单电子器件(SET)等。

CNT和NW的优势是:高迁移率,集成密度高,易形成不同结构。存在的主要问题是:可控性较差,精确定位性不好,源漏接触和与传统CMOS工艺不兼容的问题。

分子器件的优势体现在:可以进行自组装,集成密度高和开关能量低;但存在可控性、接触性和稳定性等问题。

单电子器件的优势在于功耗低、集成密度高,缺点是抗噪声能力和扇出能力较低。

北京大学微电子学研究所已研制成基于单壁纳米碳管管束的FET(电流开关比为1.8×10^6)和基于fullerene豆荚单壁纳米碳管管束的FET(开关比7×10^4)。IBM公司在单根长度为18微米的单壁碳纳米管上制得12个P型和N型场效应晶体管实现的CMOS环振电路,其振荡频率为52兆赫。

后CMOS时代的纳米器件要进入实用,必须满足可集成、可缩比能力强、增益大、开关比大、功耗低、容差性好、室温工作等要求。若与CMOS工艺和电路架构兼容,则实用的前景就更好。当前均处于探索阶段,离实用还有很长的距离。

90纳米以后的工艺技术(见图4)。

2. 集成电路设计技术

迄今为止,集成电路设计工具已由最初的版图编辑器(LE)、自动布局布线(P&R)、综合(Synthesis)逐步演变为零迭代(Zero Iteration)可制造性设计(Design for Manufacture)。设计效率获得了长足进展,每人年设计生产率增长达到20%。但由于集成电路加工工艺的日

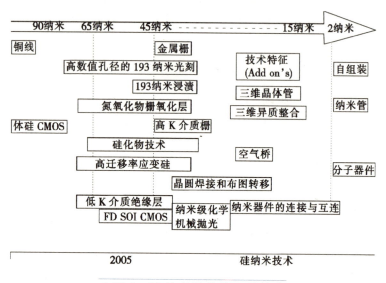

▲ 图4 90纳米以后的工艺技术

益成熟,集成电路产品的集成度每18个月增加一倍(摩尔定律),即芯片复杂度每年增长58%,因此产生了"集成电路设计滞后"现象。为此,系统设计、软硬件协同设计和IP核复用技术是减少这一"滞后差距"的主要研究方向。这对设计方法、工具和流程等提出了新的挑战,主要的研究领域包括芯片综合/时序分析技术,低功耗设计技术,SOC设计验证技术,可测性设计技术,考虑了互联延迟、寄生参数影响和三维互联结构的新的物理设计技术,容错设计技术和可重构的SOC平台与设计工具研究等。

3. 集成电路封装技术

集成电路最初主要的封装型式为双列直插（DIP）。其后，四边引线扁平封装（QFP）和焊球阵列封装（BGA）方式增加了封装密度和封装可靠性。今后封装技术的主要发展方向有芯片尺寸封装（CSP）、芯片直接焊封装（DCA）、单级集成模块封装（SLIM）、圆片级封装（WLP）、三维封装（3D）、系统级芯片封装（SOC）和系统级封装（SiP）。鉴于环保需求，还应研究无铅凸点封装和其他以降低污染环境为目标的环保封装。此外，由于低K介质材料进入互联领域，还要考虑适应低K介质材料的封装。其他研究课题还有封装散热研究、MEMS及其他新型器件封装等。

综上所述，硅基CMOS技术（经典与非经典）在21世纪上半叶仍是主流技术，为解决传统CMOS在Scaling down时遇到的各种物理问题而提出的包括新结构、新材料、新工艺的非经典CMOS技术，将在小于45纳米节点以后逐步起作用。而采用Bottom up研究的各种器件有望在21世纪上半叶实现重大突破。但现有的各种器件都存在着不同程度的问题，在解决这些问题的过程中，有可能会出现全新的信息器件。

我们应结合Scaling down和Bottom up的路径，从信息处理、存储、传输的基础问题出发，突破目前信息加工的载体，提出新的工作机制。同时结合硅基加工技术的

信息科学技术集

优势,发展新的信息器件和集成系统,为10nm以后的集成电路发展奠定基础。

四、我国集成电路产业的战略目标

2005年,中国是集成电路产品的消费大国,中国已成为世界集成电路的市场;

2010年以后,中国逐步成为集成电路的生产大国,中国将成为世界集成电路的工厂;

2020到2025年,中国应成为集成电路产业强国,世界将成为中国集成电路的市场。

根据国内专家预测(参见表2),现提出两阶段战略目标如下:

表2 集成电路产业发展预测

年份	2005	2010	2015	2020
中国GDP(亿元,年平均增长率6%)	182321	243987	326509	436943
世界IC市场(亿美元,2005—2010年平均增长率9%,2011—2020年6%)	1924	2960	3962	5301
世界IC市场折RMB(按1:8计算,亿元)	15392	23682	31693	42412
国内IC市场需求(亿元,2005—2010年平均增长率14%,2011—2015年9%,2016—2020年7%)	3803	7324	11269	15806
国内IC市场占世界IC市场比例(%)	24	31	36	37

国内IC销售额(亿元,2005—2010年平均增长率31%,2011—2015年10%,2016—2020年7.5%)	700	2701	4349	6244
国内IC销售额占GDP(%)	0.38	1.11	1.33	1.43
国内IC销售额占世界市场比例(%)	4.4	11.4	13.7	14.7
国内市场自给率(%)	18	37	39	40
设计/制造(含IDM)/封装测试	18:33:49	20:38:42	20:40:40	20:42:38
新增生产线(产量12.3万片/条·月,产值10亿美元/条·年)	0	+10	+9	+11
新增生产线投资(96亿元/条)	0	+943	+856	+1059
大生产技术(nm)	130~110	90~65	45	32
现状与目标	消费大国	生产大国	生产大国	产业强国

1. 第一阶段战略目标(2010年)

产业营销总额大于2700亿元,占国内需求市场的35%,占世界市场份额的10%;

大生产技术:12英寸,65至90纳米;

研发水平:突破45纳米大生产技术,基础预研小于35纳米;

关键设备及材料:进入生产线使用,国内市场自给率10%;

国民经济发展重大项目关键集成电路产品:自给率大于50%;

拥有一批自主知识产权:2005年申请专利1000项,以后5年每年申请专利递增500项;

建设一批有持续创新能力和国际竞争力的企业；

设计业、加工业、封装业销售额比例为20∶38∶42。

2. 第二阶段战略目标(2020年)

产业营销总额占世界市场份额的15%左右；

国民经济领域需求的芯片自给率提高到40%，同时将产品结构提升为以中、高档产品为主；

独立自主地设计和生产国家安全和国防建设所需要的重要与关键的集成电路产品，自给率达到95%以上；

拥有大量的微电子技术专利、自主知识产权产品标准，建成具有中国特色的集成电路研究开发体系，为国内企业提供知识产权保护；

以关键设备和主要材料为标志的集成电路支撑行业能够基本满足产业发展需要，集成电路产业专用设备不再受制于人；

集成电路大生产技术水平与国际先进水平同步，实现32纳米和22纳米两大技术节点工业化大生产技术突破，并在研发和生产的某些领域引领世界潮流。

五、战略实施举措

1. 优先发展设计业

到2010年,要培育出20到30家年产值大于1亿美元的集成电路设计公司,打造2到3个年销售10亿美元的设计企业,设计业产值达到500亿元左右,产品设计水平达到65纳米。

同时要加强以SOC为平台的系统设计,积极发展与系统制造商之间紧密结合的联盟,参与各种技术标准的制定与实施,与Foundry共同开发软核、固核和硬核,建立相应可流通的IP库,瞄准热点领域和国防领域开发具有自主知识产权和品牌的热点产品。

2. 完善产业链,建设制造产业群

2010年,制造业销售额大于1000亿元,主流大生产技术达到65纳米,为此须建设折合10条12英寸、3万片/月产能的生产线;

2015年,制造业销售额大于2000亿元,主流大生产技术达到45纳米,为此要再建设折合9条12英寸、3万片/月产能的生产线;

2010年到2015年,培育出1到2家年销售额大于50亿美元的IDM企业和几家年销售额大于20亿美元的芯

片加工服务(Foundry)企业。

要注重IDM模式和Foundry的协调发展,试点建设"多用户IDM,相对定向客户的Foundry"。在发展以硅CMOS为主流产业的同时,注意化合物半导体,包括氮化镓等宽禁带半导体及其集成电路的发展和产业化。

2010年封装业销售额大于1100亿元,大力发展BGA、PGA、CSP、MCM、WLP、SiP等高密度封装技术,及符合环保要求的封装技术。

2010年集成电路专用设备国内市场占有率达10%。

2010年实现了硅及其他配套专用材料自给率大于20%,化合物半导体材料自给率达到30%,8英寸硅片全面走向市场,12英寸硅片材料实用化。

3. 纵深部署,建立国家集成电路研发中心

经济学研究表明:最低端的竞争是价格竞争,最高端的竞争是"新组织类型"竞争。为减少重复研究,增大R&D技术外溢,提供知识产权保护,夯实持续发展和建设集成电路产业强国的基础,有必要建立以国家集成电路研发中心为核心,企业为主体,产学研用密切结合的集成电路产前联盟。产前联盟由国家、地方、企业及国内外资本联合投资,采用会员制的运作方式,共担风险,共享成果。

国家集成电路研发中心应建设4000到5000平方米

的净化实验室,其中装备一条12英寸、纳米级集成电路研发先导线以及相配套的新器件、新工艺、新结构电路、新材料和IP开发研究实验室。其近期主要任务是:45纳米大生产技术及成套工艺开发,关键专用设备正样的研制与相应工艺模块的开发,与Foundry结合的高端IP库和IP核开发,小于45纳米新器件、新结构、新工艺和新材料研究。

研发中心与设备、材料和设计企业组成联合层,进行有关课题研究;与系统、应用企业组成合同层,以合同方式进行系统级的产品开发。

4. 建设"十一五"国家微电子研发体系

"十一五"是我国集成电路产业发展重要的历史时期,建设以企业为主的研发体系是迈向产业强国的重要一步。根据提前10年部署的论述,下列工艺技术方面的专项、专题、课题已启动(见图5)。

5. 人才培养

机制上要能够保障人才按智力要素参与分配,同时应设立科技创新风险基金,允许探索,允许失败。对示范性软件与微电子学院和集成电路人才培养基地要加大投入,重点支持。探索成建制地引进人才的途径和政策。每个人才培养基地的规模达到300至500人。

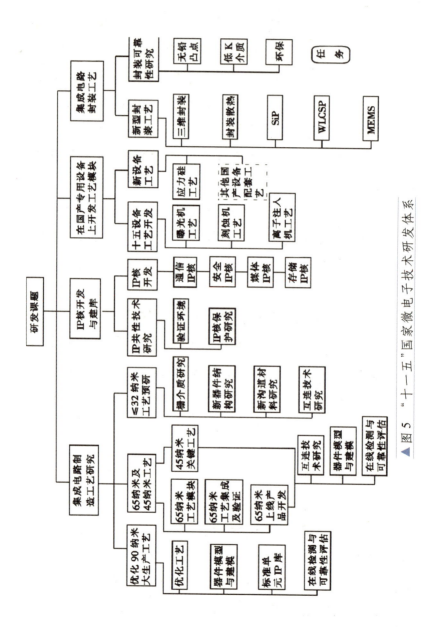

▲图 5 "十一五"国家微电子技术研发体系

2010年，要培养设计人才4万人，工艺人才1万人，重点培养懂系统、熟悉微电子、擅长管理的复合型领军人才和文理交叉、学贯中西、融汇古今，综合素质高、创新能力强的人才。

6. 完善政策

涉及企业：封装、测试、设备、仪器、材料等相关企业应列入享受优惠政策的范畴。

税收政策：在增值税、所得税、关税等方面予以适当优惠。

人才政策：鼓励成建制海归人才回国参与集成电路产业建设，可持海外公司股票，放宽技术成果在企业中的占股比例等。

投融资政策：鼓励投资、上市、兼并与重组，引入风险基金，对集成电路产品开发和企业建设贷款给予部分贴息等。

从"十一五"期间开始，我国微电子技术和集成电路产业就要在立足于超越世界发展的信念基础上实施上述战略举措，到2020年之后不仅能够与世界先进技术水平同步发展，并在某些领域能够引领世界集成电路技术发展潮流。这就需要我们在指导思想、发展策略、项目选择、目标确立等方面进行不断调整，在相关领域实施开创性的探索，不断开拓国际合作与交流的方式和领

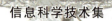

信息科学技术集

域,随时根据世界微电子技术和集成电路产业发展的需要进行自主创新、自我发展,以期到2020至2025年实现把我国建成微电子强国的宏伟目标。

说明:本文中关于建设微电子强国的论据主要引自中科院学部咨询报告《关于建设微电子强国的建议》,参与该报告研究工作的有王阳元、吴德馨、侯朝焕、李志坚、许居衍、王占国、沈绪榜院士和俞忠钰、郑敏政、毕克允、钱佩信、严晓浪、郝跃、王勃华、王永文、杨学明、郭毅然、钱鹤、张兴、王志华、盛海涛、傅敏、丁伟、张苏等24位专家。

北京大学微电子发展战略研究室王永文研究员、丁伟和张苏博士,微电子学研究院张兴、黄如、蒋安平、王金延教授以及中芯国际罗复昌博士等对本报告的撰写提供了重要帮助和有益的讨论,在此一并致谢。

数字地球与"三S"技术

李德仁

一、什么是数字地球
二、数字地球的技术基础
三、数字地球中的"三S"技术
四、数字地球的应用
五、结语

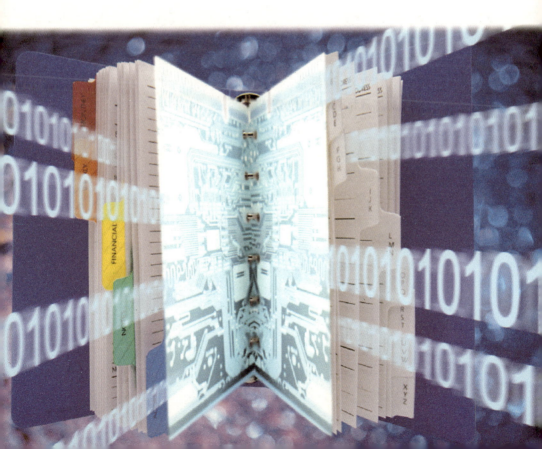

【作者简介】李德仁,摄影测量与遥感学家。江苏镇江丹徒人,生于江苏泰县。武汉大学教授,曾任测绘遥感信息工程国家重点实验室主任,现为测绘遥感信息工程国家重点实验室学术委员会主任。原武汉测绘科技大学校长。德国斯图加特大学博士。国际欧亚科学院院士。曾任中国测绘学会理事长,中国图像图形学会副理事长、中国地理学会环境遥感分会副理事长。20世纪80年代,主要从事测量误差理论与处理方法研究。1982年,他首创从验后方差估计导出粗差定位的选权迭代法,被国际测量学界称为"李德仁方法"。1985年,他提出包括误差可发现性和可区分性在内的基于两个多维备选假设的扩展的可靠性理论,科学地"解决了测量学上一个百年来的问题"。该成果获1988年联邦德国摄影测量与遥感学会最佳论文奖——"汉莎航空测量奖"。20世纪90年代,主要从事以遥感、全球卫星定位系统(GPS)和地理信息系统(GIS)为代表的空间信息科学与多媒体通信技术的科研和教学工作,并致力于高新技术的产业化发展。他在高精度摄影测量定位理论与方法、GPS空中三角测量、SPOT卫星像片解析处理、数学形态学及其在测量数据库中的应用、面向对象的GIS理论与技术、影像理解及像片自动解译、多媒体通信等方面都有独到建树,其成果直接推动了技术进步,并已向产业化方向发展。领导研制了吉奥之星GIS系列产品、方略视频会议系列产品和立得三S汽车道路测量与导航系统等高科技产品。发表论文700余篇,出版专著11部;培养硕士生80多名、博士生120多名。其成果有10余项获得国家及部委级科技进步奖、全国优秀教材奖、全国优秀教学成果奖。曾任国际摄影测量与遥感学会(ISPRS)第Ⅲ委员会主席(1988—1992年)和第Ⅵ委员会主席(1992—1996年)。

1991年当选为中国科学院院士。1994年当选为中国工程院院士。

人们都说农业社会是资源经济,谁拥有资源(自然资源、人力资源等)谁就主宰世界,在工业社会,谁拥有资本谁就主宰社会。到了21世纪,人类进入了信息社会,谁拥有知识,谁就主宰世界。数字地球是美国副总统戈尔于1998年1月31日在"数字地球——认识21世纪我们这颗星球"的报告中提出的一个通俗易读的概念,它勾绘出了信息时代人类在地球上生存、工作、学习和生活的时代特征。

一、什么是数字地球

1998年,江泽民总书记在接见两院院士代表时的讲话中指出:"当今世界,以信息技术为主要标志的科技进步日新月异,高科技成果向现实生产力的转化越来越快,初见端倪的知识经济预示人类的经济社会生活将发生新的巨大变化。"

什么是"数字地球"呢?所谓"数字地球",可以理解为对真实地球及其相关现象统一的数字化重现和认识。其核心思想是用数字化的手段来处理整个地球的自然和社会活动诸方面的问题,最大限度地利用资源,并使普通百姓能够通过一定方式方便地获得他们所想了解的有关地球的信息,其特点是嵌入海量地理数据,实现多分辨率、三维对地球的描述,即"虚拟地球"。通俗地讲,就是用数字的方法将地球、地球上的活动及整个地球环境的时空变化装入电脑中,实现在网络上的流通,并使之最大限度地为人类的生存、可持续发展和日常的工作、学习、生活、娱乐服务。

严格地讲,数字地球是以计算机技术、多媒体技术和大规模存储技术为基础,以宽带网络为纽带,运用海量地球信息对地球进行多分辨率、多尺度、多时空和多种类的三维描述,并利用它作为工具来支持和改善人类活动和生活质量。

二、数字地球的技术基础

要在电子计算机上实现数字地球不是一个很简单的事,它需要诸多学科,特别是信息科学技术的支撑。这其中主要包括:信息高速公路和计算机宽带高速网络技术、高分辨率卫星影像、空间信息技术、大容量数据处理与存储技术、科学计算以及可视化和虚拟现实技术。

1. 信息高速公路和计算机宽带高速网

一个数字地球所需要的数据已不能通过单一的数据库来存储,而需要由成千上万的不同组织来维护。这意味着参与数字地球的服务器将需要由高速网络来连接。为此,美国前总统克林顿早在1993年2月就提出实施美国国家信息基础设施(NII),并将其通俗形象地称为信息高速公路,它主要由计算机服务器、网络和计算机终端组成。美国为此计划投入4000亿美元,耗时20年。到2000年的目标是提高生产率20%~40%,获取35000亿美元的效益。我国的信息高速公路从1995年开始实施,计划投资3500亿美元。

在互联网(Internet)流量爆发性增长的驱动下,远程通信载体已经尝试使用10G/S的网络,而每秒10^{15}b的互联网正在研究中。互联网-Ⅱ(InternetⅡ)已在美国的研究机构和大学进行试验运行。

相信在21世纪将会有更加优秀的宽带高速网供人们使用。

2 高分辨率卫星影像

本世纪的遥感卫星影像,在卫星遥感问世的30多年中分辨率已经有了飞速的提高,这里所说的分辨率指空间分辨率、光谱分辨率和时间分辨率。空间分辨率指影像上所能看到的地面最小目标尺寸,用像元在地面的大小来表示。从遥感形成之初的80厘米,已提高到30厘米、10厘米、5.8厘米,甚至2厘米,军用更可达到10厘米。现在获取1厘米或优于1厘米的空间分辨率影像将会十分方便。分辨率指成像的波段范围,分得愈细,波段愈多,光谱分辨率就愈高,现在的技术可以达到5~

6nm(纳米)量级,400多个波段。细分光谱可以提高自动区分和识别目标性质和组成成分的能力。时间分辨率指重访周期的长短,目前一般对地观测卫星为15~25天的重访周期。通过发射合理分布的卫星星座可以1~3天观测地球一次。

总之,高分辨率卫星遥感图像在21世纪将可以优于1米的空间分辨率,及时地为人类提供反映地表动态变化的翔实数据,从而实现"秀才不出门,能观天下事"的理想。

3. 空间信息技术与空间数据基础设施

空间信息是指与空间和地理分布有关的信息,经统计,世界上的事情有80%与空间分布有关,空间信息用于地球研究即为地理信息系统。为了满足数字地球的要求,将影像数据库、矢量图形库和数字高程模型(DEM)三库一体化管理的GIS软件和网络GPS,在21世纪十分成熟和普及,从而可实现不同层次的互操作,一个GIS应用软件产生的地理信息将被另一个软件读取。

当人们在数字地球上进行处理、发布和查询信息时,将会发现大量的信息都与地理空间位置有关。例如查询两城市之间的交通连接,查询旅游景点和路线,购房时选择价廉而又环境适宜的住宅等,都需要有地理空间参考。由于尚未建立空间数据参考框架,目前在万维网上制作主页时还不能轻易将有关的信息连接到地理空间参考上。因此,国家空间数据基础设施是数字地球的基础。

国家空间数据基础设施主要包括空间数据协调管理与分发体系和机构、空间数据交换网站、空间数据交换标准及数字地球空间数据框架。这是美国前总统克林顿在1994年4月以行政命令下发的任务,美国已于2000年元月初步建成,我国正在抓紧建立基于1:50000和1:10000比例尺的国家和省级空间信息基础设施。欧洲、俄罗斯和亚太地区也都纷纷抓紧建立空间数据基础设施。

空间数据共享机制是使数字地球能够运转的关键之一。国际标准化组织ISO/TC211工作组正为此而努力工作。只有共享才能发展,共享推动信息化,信息化进一步推动共享。政府与民间的联合共建是实现共享原则的基本条件,因为任何国家的政府也不可能包揽整个信息化的建设。在我国,要遵循这一规律就必然要求打破部门之间和地区之间的界限,统一标准,联合行动,相互协调,互谅互让,分工合作,发挥整体优势。只有大联合才能形成信息技术的优势,才能在国际信息市场的激烈竞争中争取主动。

4. 大容量数据存储及元数据

数字地球将需要存储 10^{15} 字节（Quadrillions）的信息。美国航空航天局（NASA）的行星地球计划 EOS—AM1 于 1999 年上天，每天产生 1000GB（即 1TB）的数据和信息。1 米分辨率影像覆盖广东省，大约有 1TB 的数据，而广东才是中国的 1/53。所以要建立起中国的数字地球，仅仅影像数据就有 53TB，这还只是一个时刻的；多时相的动态数据，其容量就更大了。目前美国航空航天局和美国国家海洋和大气局（NOAA）已着手建立用原型并行机管理的可存储 1800TM 的数据中心，数据盘带的查找由机器手自动而快速地完成，相信在本世纪，还会有新的突飞猛进的发展。

另一方面，为了在海量数据中迅速找到需要的数据，元数据（metadata）库的建设是非常必要的。它是关于数据的数据，通过它可以了解有关数据的名称、位置、属性等信息，从而大大减少用户寻找所需数据的时间。

5. 科学计算

地球是一个复杂的巨系统，地球上发生的许多事件、变化和过程又十分复杂而呈非线性特征，时间和空间的跨度变化大小不等，差别很大，只有利用高速计算机，我们今日和跨世纪的未来，才有能力来模拟一些不能观测到的现象。利用网格技术（Grid Technique）和数据挖掘(Data Mining)技术,我们将能够更好地认识和分析所观测到的海量数据,从中找出规律和知识。科学计算将使我们突破实验和理论科学的限制,建模和模拟可以使我们能更加深入地探索所搜集到的有关我们星球的数据。

6. 可视化和虚拟现实技术

可视化是实现数字地球与人交互的窗口和工具,没有可视化技术,计算机中的一堆数字是无任何意义的。

数字地球的一个显著的技术特点是虚拟现实技术。建立了数字地球以后,用户戴上显示头盔,就可以看见地球从太空中出现,使用"用户界面"的开窗放大数字图像;随着分辨率的不断提高,他看见了大陆,然后是乡村、城市,最后是私人住房、商店、树木和其他天然和人造景观;当他对商品感兴趣时,可以进入商店内,欣赏商场内的衣服,并可以根据自己的体型,构造虚拟自己试穿衣服。

虚拟现实技术为人类观察自然、欣赏景观、了解实体提供了身临其境的感觉。最近几年,虚拟现实技术发展很快。虚拟现实造型语言(VRML)是一种面向Web、面向对象的三维造型语言,而且它是一种解释性语言。它不仅支持数据和过程的三维表示,而且能使用户走进视听效果逼真的虚拟世界,从而实现数字地球的表示以

及通过数字地球实现对各种地球现象的研究和人们的日常应用。实际上,人造虚拟现实技术在摄影测量中早已是成熟的技术,近几年的数字摄影测量的发展,已经能够在计算机上建立可供测量的数字虚拟技术。当然,当前的技术是对同一实体拍摄照片,产生视差,构造立体模型,通常是当模型处理。进一步的发展是对整个地球进行无缝拼接,任意漫游和放大,由三维数据通过人造视差的方法,构造虚拟立体。

三、数字地球中的"三S"技术

数字地球的核心是地球空间信息科学,地球空间信息科学的技术体系中最基础和基本的技术核心是"三S"技术及其集成。所谓"三S"是指全球空间定位系统(GPS)、航空航天遥感(RS)和地理信息系统(GIS)的统称。没有"三S"技术的发展,现实变化中的地球是不可能以数字的方式进入计算机网络系统的。

1. 全球空间定位系统(GPS)技术

GPS作为一种全新的现代定位方法,已逐渐在越来越多的领域取代了常规光学和电子仪器。20世纪80年代以来,尤其是90年代以来,GPS卫星定位和导航技术与现代通信技术相结合,在空间定位技术方面引起了革

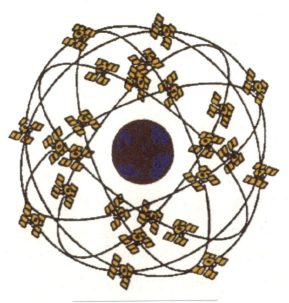

▲图1　GPS卫星分布图

命性的变化。用GPS同时测定三维坐标的方法将测绘定位技术从陆地和近海扩展到整个海洋和外层空间，从静态扩展到动态，从单点定位扩展到局部与广域差分，从事后处理扩展到实时(准实时)定位与导航，绝对和相对精度扩展到米级、厘米级乃至亚毫米级，从而大大拓宽它的应用范围和在各行各业中的作用。在不久的将来，人人可以戴上GPS手表，加上移动电话，你的活动就可以自动进入数字地球中去。

2. 航空航天遥感(RS)技术

当代遥感的发展主要表现在它的多传感器、高分辨率和多时相特征。

（1）多传感器技术。当代遥感技术已能全面覆盖大气窗口的所有部分。光学遥感可包含可见光、近红外和短波红外区域。热红外遥感的波长为8~14μm，微波遥感观测目标物电磁波的辐射和散射，分被动微波遥感和主动微波遥感，波长范围为1mm~100cm。

（2）遥感的高分辨率特点。全面体现在空间分辨率、光谱分辨率和温度分辨率三个方面，长线阵CCD成像扫描仪可以达到1~2m的空间分辨率，成像光谱仪的光谱细分可以达到5~6nm的水平。热红外辐射计的温度分辨率可从0.5K提高到0.3K乃至0.1K。

（3）遥感的多时相特征。随着小卫星群计划的推行，可以用多颗小卫星，实现每2~3天对地表重复一次采样，获得高分辨率成像光谱仪数据。多波段、多极化方式的雷达卫星，将能解决阴雨多雾情况下的全天候和全天时对地观测；卫星遥感与机载和车载遥感技术的有机结合，是实现多时相遥感数据获取的有力保证。

遥感信息的应用分析已从单一遥感资料向多时相、多数据源的融合与分析过渡，从静态分析向动态监测过渡，从对资源与环境的定性调查向计算机辅助的定量自动制图过渡，从对各种现象的表面描述向软件分析和计量探索过渡。近年来，由于航空遥感具有的快速机动性和高分辨率的显著特点，它成为遥感发展的重要方面。

3. 地理信息系统(GIS)技术

随着"数字地球"这一概念的提出和人们对它的认识的不断加深,从二维向多维动态以及网络方向发展是地理信息系统发展的主要方向,也是地理信息系统理论发展和诸多领域的迫切需要,如资源、环境、城市等。在技术发展方面,一个发展是基于 Client/Server 结构,即用户可在其终端上调用在服务器上的数据和程序。另一个发展是通过互联网络发展互联网-GIS 或 WebGIS,可以实现远程寻找所需要的各种地理空间数据,包括图形和图像,而且可以进行各种地理空间分析。这种发展是通过现代通信技术使 GIS 进一步与信息高速公路相接轨。另一个发展方向,则是数据挖掘(Data Mining),从空间数据库中自动发现知识,用来支持遥感解译自动化和 GIS 空间分析的智能化。

4. "三S"集成技术

"三S"集成是指将上述三种对地观测新技术及其他相关技术有机地集成在一起。这里所说的集成,是英文 Integration 的中译文,是指一种有机的结合、在线的连接、实时的处理和系统的整体性。GPS、RS、GIS 集成的方式可以在不同技术水平上实现。"三S"集成包括空基"三S"集成与地基"三S"集成。

空基"三S"集成:用空—地定位模式实现直接对地

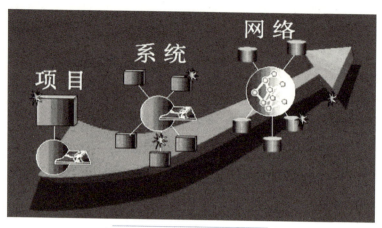

▲ 图2　GIS的网络化趋势

观测,主要目的是在无地面控制点(或有少量地面控制点)的情况下,实现航空航天遥感信息的直接对地定位、侦察、制导、测量等。

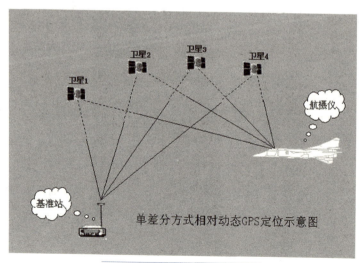

▲ 图3　带GPS的航空摄影

数字地球与"三S"技术

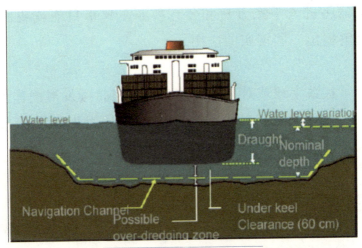

▲ 图4　舰载移动测量系统

地基"三S"集成：车载、舰载定位导航和对地面目标的定位、跟踪、测量等实时作业。

四、数字地球的应用

在人类所接触到的信息中有80%与地理位置和空间分布有关，地球空间信息是信息高速公路上的货和车。数字地球不仅包括高分辨率的地球卫星图像，还包括数字地图及经济、社会和人口等方面的信息，它的应用正如戈尔副总统在报告中提到的，有时会因为我们的想象力而受到限制，换句话说，数字地球的应用在很大程度上超出我们的想象。可以乐观地说，21世纪，数字

信息科学技术集

地球将进入千家万户和各行各业。这里只能就我们的理解提出一些现实的应用。

1. 数字地球对全球变化与社会可持续发展的作用

全球变化与社会可持续发展已成为当今世界人们关注的重要问题,数字化表示的地球为我们研究这一问题提供了非常有利的条件。在计算机中利用数字地球可以对全球变化的过程、规律、影响以及对策进行各种模拟和仿真,从而提高人类应付全球变化的能力。数字地球可以广泛地应用于对全球气候变化、海平面变化、荒漠化、生态与环境变化、土地利用变化的监测。与此同时,利用数字地球,还可以对社会可持续发展的许多问题进行综合分析与预测,如:自然资源与经济发展,人口增长与社会发展,灾害预测与防御等。

我国是一个人口多、土地资源有限、自然灾害频繁的发展中国家,十几亿人口的吃饭问题一直是至关重要的。经过20年的高速发展,资源与环境的矛盾越来越突出。1998年的洪灾,黄河断流,耕地减少,荒漠化加剧,已经引起了社会各界的广泛关注。必须采取有效措施,从宏观的角度加强土地资源和水资源的监测和保护,加强自然灾害特别是洪涝灾害的预测、监测和防御,避免第三世界国家和一些发达国家发展过程中走过的弯路。数字地球在这方面可以发挥更大的作用。

2. 数字地球对社会经济和生活的影响

数字地球将容纳大量行业部门、企业和私人添加的信息，进行大量数据在空间和时间分布上的研究和分析。例如国家基础设施建设的规划，全国铁路、交通运输的规划，城市发展的规划，海岸带开发，西部开发，等等。从贴近人们的生活看，房地产公司可以将房地产信息链接到数字地球上；旅游公司可以将酒店、旅游景点，包括它们的风景照片和录像放入这个公用的数字地球上；世界著名的博物馆和图书馆可以将其收藏以图像、声音、文字形式放入数字地球中；甚至商店也可以将货架上的商店制作成多媒体或虚拟产品放入数字地球中，让用户任意挑选。另外，它在相关技术研究和基础设施方面也将会起推动作用。因此，数字地球进程的推进必将对社会经济发展与人民生活产生巨大的影响。

3. 数字地球与精细农业

21世纪的农业要走节约化的道路，实现节水农业、优质高产无污染农业。这就要依托数字地球，每隔3~5天给农民送去他们的庄稼地的高分辨率卫星影像。农民在计算机网络终端上可以从影像图中获得他的农田的长势征兆，通过地理信息系统（GIS）作分析，制订出行动计划，然后在车载空间定位系统（GPS）和电子地图指引下，实施农田作业，及时地预防病虫害，把杀虫剂、化

信息科学技术集

肥和水用到必须用的地方,而不致使化学残留物污染土地、粮食和种子,实现真正的绿色农业。这样一来,农民也成了电脑的重要用户,数字地球就这样飞入了农民家。到那时农民也需要有组织,有文化,掌握高科技。

4. 数字地球与智能化交通

智能运输系统是基于数字地球建立国家和省、市、自治区的路面管理系统、桥梁管理系统、交通阻塞、交通安全以及高速公路监控系统,并将先进的信息技术、数据通信传输技术、电子传感技术、电子控制技术以及计算机处理技术等有效地集成运用于整个地面运输管理体系,而建立起的一种在大范围内、全方位发挥作用的,实时、准确、高效的综合运输和管理系统,实现运输工具在道路上的运行功能智能化。从而使公众能够高效地使用公路交通设施和能源。具体地说,该系统将采集到的各种道路交通及服务信息经交通管理中心集中处理后,传输到公路运输系统的各个用户(驾驶员、居民、警察局、停车场、运输公司、医院、救护排障等部门),出行者可实时选择交通方式和交通路线;交通管理部门可自动进行合理的交通疏导、控制和事故处理;运输部门可随时掌握车辆的运行情况,进行合理调度。从而使路网上的交通流运行处于最佳状态,改善交通拥挤和阻塞,最大限度地提高路网的通行能力,提高整个公路运输系统的机动性、安全性和生产效率。

对于公路交通而言,智能交通系统(ITS)将产生的效果主要包括以下几个方面:

——提高公路交通的安全性。

——降低能源消耗,减少汽车运输对环境的影响。

——提高公路网络的通行能力。

——提高汽车运输生产率和经济效益,并对社会经济发展的各方面都产生积极的影响。

——通过系统的研究、开发和普及,创造出新的市场。

美国国会1991年颁布"冰茶法案"(ISTEA-Inter-model Surface Transportation Efficiency Act),1998年颁布"续茶法案"(NEXTEA-National Economic Crossroad Transportation Efficiency Act),目标是实现高效、安全和有利于环境的现代交通体系。

5. 数字地球与数码城市(Cybercity)

基于高分辨率正射影像、城市地理信息系统、建筑CAD,建立虚拟城市和数字化城市,实现真三维和多时相的城市漫游、查询分析和可视化。数字地球可服务于城市规划、市政管理、城市环境、城市通信与交通、公安消防、保险与银行、旅游与娱乐等,以及城市的可持续发展和提高市民的生活质量等。

▲ 图5　数字化城市——深圳

6. 数字地球为专家服务

顾名思义,数字地球是用数字方式为研究地球及其环境的科学家尤其是地学家服务的重要手段。地壳运动、地质现象、地震预报、气象预报、土地动态监测、资源调查、灾害预测和防治、环境保护等,无不需要利用数字地球。而且数据的不断积累,最终将有可能使人类能够更好地认识和了解我们生存和生活的这个星球,运用海量地球信息对地球进行多分辨率、多时空和多种类的三维描述将不再是幻想。

7. 数字地球与现代化战争

数字地球是后冷战时期"星球大战"计划的继续和

发展，在美国人眼里，数字地球的另一种提法是星球大战，是美国全球战略的继续和发展。显然，在现代化战争和国防建设中，数字地球具有十分重大的意义。建立服务于战略、战术和战役的各种军事地理信息系统，并运用虚拟现实技术建立数字化战场，这是数字地球在国防建设中的应用。这其中包括了地形地貌侦察、军事目标跟踪监视、飞行器定位、导航、武器制导、打击效果侦察、战场仿真、作战指挥等方面，对空间信息的采集、处理、更新提出了极高的要求。在战争开始之前需要建立战区及其周围地区的军事地理信息系统；战时利用GPS、RS和GIS进行战场侦察、信息更新、军事指挥与调度、武器精确制导、战时与战后的军事打击效果评估等。而且，数字地球是一个典型的平战结合、军民结合的系统工程，建设中国的数字地球工程符合我国国防建设的发展方向。

总之，随着"三S"技术及相关技术的发展，数字地球将对社会生活的各个方面产生巨大的影响。其中有些影响我们可以想象，有些影响也许我们今日还无法想象。

五、结　语

数字地球的提出是全球信息化的必然产物,它的一项长期的战略目标,需要经过全人类的共同努力才能实现。同时,数字地球的建设与发展将加快全球信息化的步伐,在很大程度上改变人们的生活方式,并创造出巨大的社会财富,为人类社会的发展作出巨大贡献。

"三S"作为数字地球的技术基础和核心将得到迅速发展,一方面,数字地球的研究和建设为"三S"技术的发展创造了条件,另一方面,"三S"技术的发展为数字地球的建设提供了技术支持。

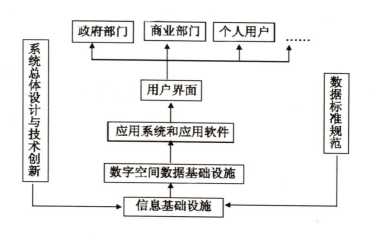

▲图6　数字地球总体框架图

数字地球与"三S"技术

　　我国在地球空间信息科学领域的研究工作经过不懈努力取得了许多优秀成果，培养了一些国际知名的学者和一大批具有较高素质的中青年学术骨干，为学科的发展作出了自己的贡献。但是，我们必须清醒地认识到，由于在传感器、计算机、通信以及综合国力等方面与先进国家存在较大差距，使得在相当长的一段时间内在地球空间信息科学的若干方面我国将落后于国际先进水平。因此，我们只有发挥自己的优势，不断努力建设数字中国和数字地球，才能逐步缩小与国际先进水平的差距，为我国的经济建设和社会发展作出自己的贡献。

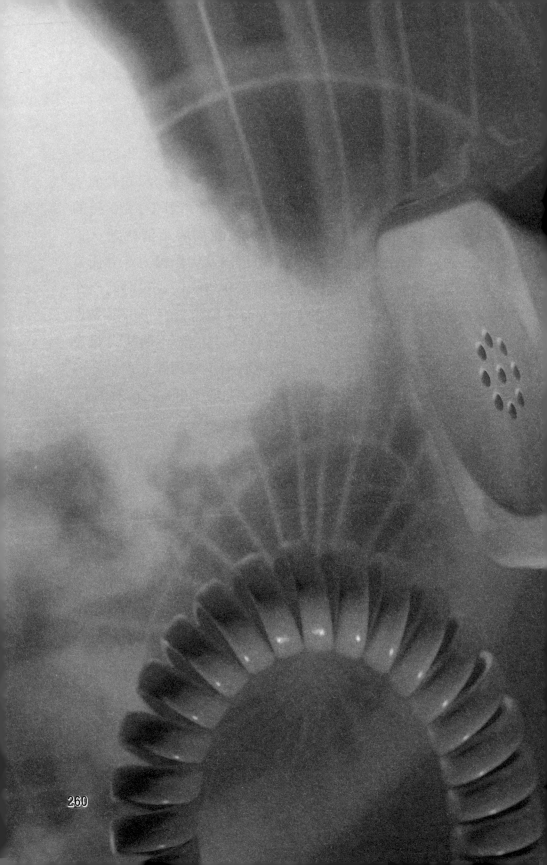

多学科交叉发展与融合推动社会进步

戴汝为

【作者简介】戴汝为,男,1932年12月生,1951年考入清华大学,1955年毕业于北京大学,1991年当选为中国科学院院士。历任中科院学部主席团成员、信息技术科学部副主任、国务院学位委员会系统科学学科评审组评委、自动化研究所学术委员会主任,兼任清华大学、北京师范大学教授及其他30余所大学的名誉教授。

1980—1982年,戴汝为院士在美国普渡大学电机系师从国际著名模式识别大师傅京孙教授做研究工作。他长期从事自动控制、模式识别、人工智能、智能控制及思维科学的研究，到目前为止，已出版《智能系统的综合集成》等学术专著5部，发表学术论文200余篇。曾任国家"863计划"智能计算机主题专家组副组长、国际句法模式识别委员会委员、欧洲Signal Processing杂志海外编委。

20世纪70年代，他最早在国内开展模式识别的工作，完成了信函分拣中的手写数字识别系统研究。他把统计模式识别与句法模式识别有机地结合起来，提出了新的语义、句法模式识别方法，建立了联机手写汉字识别的理论基础。20世纪80年代中期，他开展了人工神经网络及其在知识工程中应用的研究，取得了"基于人工神经网络的字符识别系统"与"混合型智能系统"的成果。20世纪90年代初，他进行了智能控制及综合集成的研究，以综合集成法的构思，建立了集成型模式识别的理论与方法。

戴汝为院士先后获中科院自然科学一等奖一项（1992年）、中科院科技进步二等奖两项（1986年、1990年）。由他主编的《智能自动化丛书》（共6册）获1999年科技进步奖（科技著作）一等奖、国家图书奖。2001年获国家科技进步一等奖。2002年获何梁何利科技进步奖。

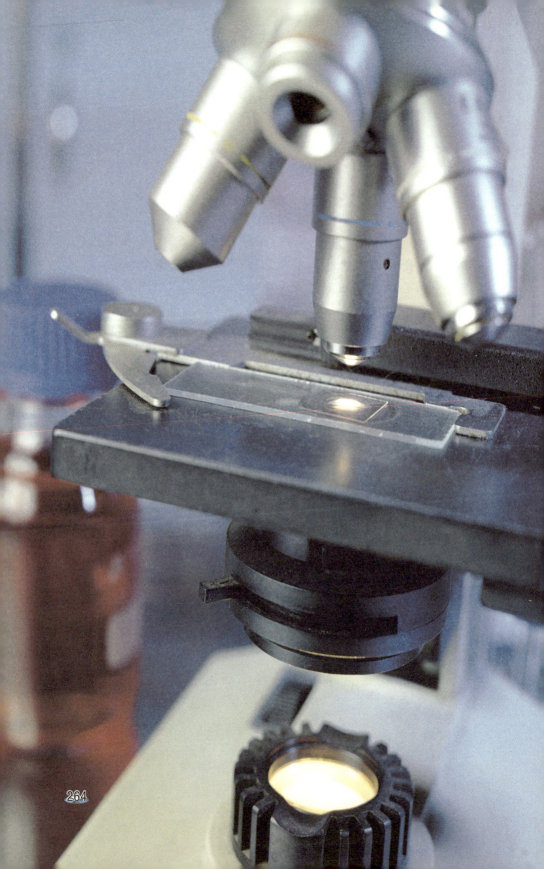

"复杂性科学",它是21世纪的科学。现在科学面临的挑战,不仅是细胞生命学,还有生态环境学等许多方面。正因为有很多学科,所以显示出了复杂性科学的重要性。对复杂性科学来说,怎样精确地对一个复杂的事物进行描述,这是很重要的。我们国家正在快速发展,大家都很年轻,满腔热忱,希望将来投入到国家经济建设当中去。实际上,我们从系统的角度来说,你们现在就要着眼于可持续发展。比如,大家都很重视的生态环境,本身也是一个很大的系统;我们的社会经济领域也是一个非常大的系统,这都是很复杂的系统。这种系统里面不仅包含有自然界的一部分,而且也包括我们人类的一部分在内。

钱学森先生是人民科学家。他曾经在20世纪中期有过一个预言:"可以预料,从某种意义上说,20世纪末到21世纪初将是一个交叉学科的时代。"从发展的角度来说,我们已经进入一个新的多学科交叉时代了。我们要去研究的东西,不只是一个单独的学科,而是要多学科交叉。所以我们的知识面一定要广,我希望大家树立一个学科交叉的理念,就是说,你学了这个东西,但同时也要了解其他的东西,现在很强调多种学科的交叉和融合。我们认识客观世界,需要了解很多知识。大家还很年轻,在今后发展的道路上有很多东西要学习。

钱学森先生,我不知道大家对这个名字有多少了解。钱学森先生刚回国的时候在中科院力学所工作,我曾经在那个所里面学习。

50年前,钱学森先生刚回国时只是担任一个研究所的所长。有一次,他参加全国政协宴会时,座位都要根据职务的大小来安排,他大概要排到第10桌以后。后来毛泽东主席就问:钱学森来了没有啊?于是工作人员就把他安排到前面与毛主席坐在一起,这说明当时毛主席是很重视科技人才的。

现在我说的是多学科交叉的重要意义。现代科技的发展很迅速,比如说信息技术,现在的学生肯定有很多人上网,在网上聊天。网络是近20年出现的事情,以前我们是不能想象的。以前我在美国学习的时候,和家里通信,一个星期能收到一次信就很高兴了。现在可不一样了,大家用电子邮件、手机等现在通信手段和工具,外出联系很方便。甚至你的国外朋友今天早上吃什么饭,你都能知道。总之,现代科技发展得非常快。但是科学技术的发展在西方也存在一个问题,就是学科分得越来越细,越来越专业化。18世纪末,莱布尼茨和牛顿同时提出了微积分,莱布尼茨是从数学角度提出来的,而牛顿是从物理学角度提出来的。莱布尼茨就是一位知识面很广的大科学家。到了19世纪的时候,高斯、法拉第、达尔文在当时都被认为是很有学问的,他们掌握了大量的知识。许多大科学家的知识面都是比较广的。到了21世纪,情况就不一样了,不会有人不加任何限制地就称自己是数学家,或者物理学家、生物学家,等等。比如说在生物学方面,你可能只能称为昆虫学家,但不可能称你是一位生物学家。你对昆虫很有研究,但是你对其他学科的东西就不会知道或知道的不多,好像管多了就是侵占了别人的领土似的,所以学科知识越分越细。在那一门学科里是权威,但是对别的学科知识就不一定知道了。就像古时候的一个寓言故事——瞎子摸象一样,只摸到大象的一条腿,或者是肚子,或者是鼻子,缺乏一个整体的看法。

中国传统文化强调整体的观念。比如说中医,治病就是从整体考虑的。我有一个朋友到美国出差,把胳膊弄脱臼了,到医院去治疗,大夫给他开了一个口子,动了外科手术,他疼得要命。但是在中国就不会这样,医生给你扭一扭就好了。所以我看到朋友包了一堆的纱布就觉得很难受。现在的学科越分越细,因此中学生就要打好多学科知识基础,要培养多方面的兴趣,广泛拓展知识面。

从科学发展的角度来说,应该是从整体来考虑的,我们之所以那样细分,是因为我们的整体认知能力不够。按照钱学森先生的观点,现代科学技术体系结构,分为11个大部门,即自然科学、社会科学、数学科学、系统科学、思维科学、人体科学、地理科学、军事科学、行为

信息科学技术集

科学、建筑科学、文艺理论与文艺创作。同时,还应该逐步纳入学科体系的有:实践经验的知识库、广泛的大量成文或不成文的实际感受。在11个大部门中,每一个部门又可以分成三个层次:基础理论层次、技术科学层次、应用技术层次。一个人在做工作的时候也是在不同的层次上进行的。我们常常说的科学革命、技术革命、产业革命,就是在这个意义上提出来的。

科学革命是人类认识客观世界的飞跃,比如说相对论、量子论、进化论,等等。技术革命是人类改造客观世界的飞跃,比如说蒸汽机、火车,我们对它就特别有感受。再比如说,计算机是20世纪40年代发明的,现在我们对计算机都有很大的感触。美国一所大学还保存着第一台计算机,它和我们的大楼一样大。现在随着科技的发展,世界在变小,从地球的一点到另一点,一天就到了。以前我们说千里眼、顺风耳,现在有了网络,都实现了,这说明地球确实变小了。产业革命是人类社会经济形态的变革,这也是钱学森先生提出来的。信息革命推动产业革命的发展。我们来回顾一下历史,第一次产业革命是在新石器时代,其标志是农牧业的出现。人们不用再等肚子饿了才跑到山上去打猎。第二次产业革命是在奴隶社会的后期,其标志是商品经济的出现。我们生产东西不是为了自己使用,而是要用来交换自己需要的东西。第三次产业革命是在18世纪末期,其标志是蒸汽机的出现。第四次产业革命是在19世纪末期,其标志是跨行业的垄断公司的出现。现在我们面临着由信息革命所推动的第五次产业革命,其标志是世界经济的一体化。以往的革命所面对的劳动资料的属性是机械的、物理的或者化学的。第五次产业革命就不一样了,它的属性是信息。从人类发展的历史来说,体力劳动的职能由机器来代替,脑力劳动的部分职能由计算机来代替。有些涉及智慧的问题也可以用计算机来执行了。

前四次产业革命,划分社会生产时代有决定性的特性,可以说是劳动资料的机械的、物理的和化学的属性。自动化技术主要是用机器来代替体力劳动的。

第五次产业革命的劳动资料的属性是信息,在生产过程中,可以说信息系统是生产的神经系统。新时期的自动化技术,是用计算机来代替脑力劳动的部分职能的,它已成为脑力劳动的一部分。

下面讲自动化和信息技术的发展。自动化和信息技术是不可分割的,尤其是脑力劳动的这部分。第二次世界大战对科技的需求、反馈与控制推动了信息技术的发展。高射炮打飞机怎么打?要用自动化技术,炮口要会转动。怎样判断炮口是不是对准飞机了?就需要用测量的方式来获得信号。因为飞机还在飞着呢,你不能直接对准飞机,而要预先测量飞机的航向,所以炮口对准了飞机,要打它的前面。现在美国打伊拉克都是用导

信息科学技术集

弹、火箭打的,火箭弹头上装一个制导系统,这个东西很重要。火箭要打哪儿,就可以命中要打的地方。美国搞力学的专家是最早认识到制导系统重要性的,用它制作成导弹。美国在打伊拉克的时候,主要是用导弹打,要炸哪个大楼很准确。这个导弹是有一段历史的,"二战"时,德国已经研制成有制导系统的火箭,而且已经用于战争了。德国打到伦敦的时候用了V2火箭打伦敦,但是它的精确度不够,所以有时候打不准。要是当时那种火箭已经很厉害了,第二次世界大战是什么结果就很难说了。据说在海湾战争的时候,导弹飞过去的时候就很厉害,遇到一个地方,先是用其他的弹打个小孔,因为要打的目标都是很坚固的房子,一次是打不进去的。然后导弹从那个孔里进去,还要在那里停一会儿,看看有没有电子装置,然后再来炸毁。这样打当然是很厉害的。

我在国内看媒体报道伊拉克战争,就很不理解。怎么没看见士兵?他们藏到哪里去了?2004年到美国才了解到:他们的步兵师,一个人一把枪,实际上每人身上还有一个通过卫星联系的装置和直升机联系。另外,装甲车之间都有通信装置,坦克也一样。所以士兵和坦克手、装甲兵之间可以互相通信,想打哪里就会打得很准。而步兵身上的枪倒不是最重要的,不是步兵和人去拼刺刀,重要的是步兵身上的通信系统,导弹的利用很重要。小时候看《封神榜》里打仗,觉得很神,但是现在

多学科交叉发展与融合推动社会进步

看来并不是那么神了,因为现在的技术先进多了。

多学科的交叉很重要。1944年钱学森先生还在美国,比较早地参加了火箭的培训。"二战"中,前苏联在欧洲作战,美国把原子弹投在了日本,把德国的人才和技术都拿回来了。"二战"后,钱学森先生的导师和他一块到了德国,与德国研制火箭的专家相见,这实际上就是国际上三代火箭科学家的会面。

钱学森先生回国以后担任了中科院力学所的所长。他回国之前出版了一本书叫《工程控制论》。工程控制主要是讲自动控制的,他把火箭的控制作为一个实际应用进行研究,写出了这本书。书里面的例子都是讲火箭的,比如说导弹等。这本书1945年在美国出版,是英文版的。它目前已成为自动控制方面国际公认的经典著作之一,被翻译成德文、俄文。这本书影响了整整一代人。比如,西北工业大学的校长原来是学机械的,读了这本书后,改行成为控制方面的专家。

大家都知道钱学森先生的事迹。1955年,他从美国返回祖国时,当时带着自己的孩子和夫人。跟导师告别的时候,他把自己写的《工程控制论》新书以及他讲授的"物理力学讲义"等呈送给导师过目,尽管他的导师是一个力学家,但钱先生研究的东西已经不仅仅是力学方面的东西了。导师对他说:"你现在在学术上已经超过了我。"后来钱先生获得了一个国家大奖,人家就问他得了

信息科学技术集

这么一个国家大奖,激动不激动?他回答说:"我不激动。"他说:"我在美国待了20年,一直想回来报效我的祖国,当导师评价我已经超过他了,那时我十分激动。我回来就是为祖国和人民服务的。"

《工程控制论》一书中有这样一段话:相对论、量子论及控制论被人们认为是20世纪的三项伟大的科学成就。1948年,美国科学家维纳提出"控制论",他曾在1935年在清华大学数学系和电机系做访问教授。所以有人说,"控制论"起源于清华大学。

目前智能的信息处理、智能机器人、智能楼宇与建筑等已不再是神话,人的智慧和计算机高效结合起来就可以做很多事情。什么叫智能系统?就是运用计算机来实现或者模拟人类智能行为的系统。我们用得比较多的就是计算机的识字系统。这很有用,不然你要敲键盘来输入,这对于外国人来说很容易,但是对于像我这样年纪大的人来说,就比较困难了。其次就是信用卡。到底卡里还有没有钱?怎么判断和识别?再有,就是指纹识别系统,你可以不知道对方是谁,但只要有了指纹,就可以识别。世界上有那么多人,但每个人的指纹都是不同的,所以指纹是身份的认证标准。还有医疗的专家系统,比如说看肝病,我们可以构造一个专家系统来做。另外,你写信要写邮政编码,就是为了分拣方便。你看那些分拣员站在库房里面工作,很辛苦。但是现在

多学科交叉发展与融合推动社会进步

有了信函的自动分拣系统就很方便了,这些都是智能系统。此外,还有计算机下棋,但是它也有不好的地方,你如果下一步臭棋,计算机就不行了,因为它里面没有贮存该如何对付的信息。

信息技术包括四个方面的内容,分别是:信息的获取、信息的传输、信息的处理、信息的应用。信息革命促进了劳动资料的信息属性的发展,从而使科学技术与生产力比过去更加紧密地凝结在一起,构成我们这个时代经济发展的新的特征,具有划时代的意义。我们要用信息技术来推动第五次产业革命。

从计算机问世以来,开始阶段的局面是"人伺候计算机"。现在大家用的计算机都是微软的操作系统,但以前不是。我在上大学的时候,用计算机就非常麻烦,不是专门搞计算机的人想用计算机来算题是非常困难的。我们经过了信息革命,发展了自动化技术,解决了智能接口的问题,使计算机进入每个人的家庭,这必将形成"计算机伺候人"的局面。

信息革命引发了人与计算机结合的劳动体系,建立这一新体系将会给人类社会带来一场深刻的革命。

知识、见识全是信息。信息多了,人就会变得更聪明。人的智慧分两种:一种是性智,一种是量智。性智在心理学上叫"再认"或"识别"的能力,它是一种把握全局的能力。量智是我们进行数学演算、进行逻辑推理的

信息科学技术集

能力。性智的培养靠的是文学艺术。古人念书的时候，不管学什么，都要学琴、棋、书、画，这就是培养人的性智。量智指什么呢？指逻辑推理，分析数学题，等等。心算再快也快不过计算机。所以量智可以用计算机来做，但性智不能，因而需要把人和计算机结合起来。

钱学森先生认为，一个人18岁时就可以获得硕士学位了。一个人从小学到大学，有三个重要的环节，可以通过学习来获得知识，然后把知识贮存在大脑中。以前我们都是用脑子来记忆的，但是现在可以用数据库来帮助我们记忆。钱先生自己就喜欢看各种科普书籍，了解许多不同学科的知识。计算机能部分地取代存储和记忆，可以帮助我们更快地掌握知识。

下面再回到多学科交叉的问题上。钱学森先生知识十分渊博，他在掌握多种学科知识方面堪称典范。再举另外一个例子，美国的司马贺教授被誉为"人工智能之父"，他是一个科学奇才。1983—1987年，他担任美中交流协会的美方主席。1994年当选为中国科学院外籍院士，曾获诺贝尔经济学奖。他学识广博，是个杂家。我所遇见的这两位科学家，都是值得我们敬佩的。

什么是复杂性？复杂性是开放的复杂系统的动力学特征。钱学森先生提出了开放的复杂系统，比如说社会经济系统。现在的互联网在全世界是很广泛的，全世界有几亿用户。这种开放的复杂系统以前是没有的。

司马贺教授也说过,复杂性是人们生存的世界以及与它共栖的一些系统的关键性特征。

另外,现在还有美国的圣菲研究所,他们非常讲究多学科的交叉和融合。据报道,控制论可能就诞生于60多年前哈佛大学医学院的一群青年身上。当时由维纳领导的每月一次的讨论班,对科学研究的前沿问题进行讨论,讲究科学的民主性。不管职位高低、工资高低,你都能够发表自己的看法,这种民主对搞科学研究是非常重要的。

下面讲交叉学科的发展和整合问题。20世纪80年代,钱学森先生率先在国内组织不同领域的科学家开展交叉学科的研讨,进行交叉学科的发展与整合。他每次提起自己在美国受迫害时,常常义愤填膺,说美国太差劲了。但是有一点,对于美国搞科学研究所提倡的民主讨论班,他是非常支持的。他除了在"两弹一星"中作出了巨大的贡献外,在学术上也有杰出的贡献。

西方国家在科学技术的发展上取得了很大的成绩。他们常用的科学思想就是还原分析,这与我们从整体考虑的思维方式是不一样的。有的东西只可意会不可言传,根本说不出来!那怎么办呢?只有靠举例子。所以东西方科学思想的结合是很重要的。钱学森先生说过,西方与东方科学思想的结合是奥妙无穷的。我们要的是西方与东方科学思想的结合。

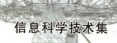

信息科学技术集

真正综合两种传统——欧美科学的逻辑、数学方法与中国传统的隐喻、类比相结合,可能会有效地打破现存的两种传统截然分离的种种限制。在人类历史上,我们正面临着复杂性问题的研究,综合两种思想或许能够使我们做得更好。

马克思早就说过:自然科学将会把关于人类的科学总括在自己的下面,正如同关于人类的科学把自然科学总括在自己的下面一样,它将成为一门科学。我们称这种自然科学与社会科学成为一门科学的过程为自然科学与社会科学的一体化,这是一种发展趋势。

信息技术与国家发展

周兴铭

一、微电子技术
二、计算机技术
三、数字通信技术
四、我国的发展情况

【作者简介】周兴铭,计算机专家。原籍浙江余姚,1938年12月4日生于上海。1961年毕业于军事工程学院电子计算机专业。国防科学技术大学计算机学院和并行与分布处理国家实验室教授。1993年当选为中国科学院院士。

20世纪60年代初到70年代后期,先后参加晶体管计算机、集成电路计算机、百万次级大型计算机的研制,从事总体方案研究、系统逻辑设计、电路设计与研制以及系统调试等工作,在锗晶体管电路抗高温稳定性、TTL信号传输抗干扰以及快速除法算法等方面做出了创新性工作。70年代后期到1992年,先后研制了我国第一台巨型计算机银河Ⅰ(主机系统负责人),我国第一台全数字实时仿真计算机银河仿Ⅰ(总负责人),我国第一台面向科学/工程计算的并行巨型计算机银河Ⅱ(总设计师),主持、领导研制全过程,在总体方案、CPU结构、RAS技术方案、系统接口协议等方面都做出了创新性工作,攻克了许多技术难关。近年的研究领域包括高性能计算、移动计算和微处理器体系结构。

信息技术与国家发展

人类社会在很长的历史时期里,生产力的发展就是人力加工具。到了1765年,以英国的瓦特改进蒸汽机为标志,人类开始了第一次产业革命,称为机械化。经过了约150年,到19世纪末,以美国的爱迪生发明电机、电灯等为标志,人类开始第二次产业革命,称为电气化。从20世纪40年代开始,以计算机、微电子和数字通信的发明为标志,人类进入了第三次产业革命,这次产业革命也叫信息化技术革命。

为什么信息化被称为技术革命呢?我们主要从以下几个方面来看。

一是信息技术全面推动了科学和技术创新的发展,过去科学的发展主要是两个手段,一个是理论研究,一个是做实验。有了信息技术以后,就有了第三个手段——计算,计算已经成为科学技术发展的一个最主要的工具或手段。

二是传统的第一、二、三产业,不管是农业、工业还是服务行业,由于信息技术的加入,都发生了根本的变化,升级换代很快,所以现在不管哪个行业,实际上都离不开信息技术。

三是信息产业已经成为发达国家的最大产业,是第四产业了。例如,美国现在居于世界领导地位,很主要的原因,就是它领导了第二次以及第三次产业革命。在克林顿时期,从1991年的3月到2001年的2月,连续120

信息科学技术集

个月,美国的经济持续地增长,所以现在美国的国力如此之强,与那段时期有很大关系。历任世界首富都是信息行业的,比如,维持14年首富的微软的比尔·盖茨,个人资产最高达1000亿美元。最近公布他是590亿美元,排位第二,第一是墨西哥的卡洛斯。卡洛斯67岁,他不是搞技术的,是经营电信行业的,在墨西哥,他的资产达到了678亿美元。中国的首富也是这种情况,比如,2004年上海的陈天桥搞了一个盛大公司,拿韩国的游戏搞网游,2004年8月,公司在美国上市以后,他个人的资产达到90亿美元,成为当年的中国首富。

　　四是信息技术全面推动了经济的发展和社会的进步,使人类的生活方式、工作方式都发生了根本变化。所以,信息技术的革命引领着人类社会走向信息化的社会。信息技术的发展主要由三项技术来推动,即微电子、计算机和数字通信,下面简单地回顾、介绍一下这三项技术发展的情况,以及对未来发展的展望。

一、微电子技术

　　微电子开始发展是1947年,由美国政府投资,在贝尔实验室发明了晶体管,这个晶体管就是一个点接触的金属半导体二极管(图1)。这是一件了不起的事情,它样子虽然不好看,但是引领着微电子的开端。大概经过五年，美国政府看到这个技术非常有用，就决定让贝尔实验室把该项技术无条件、无偿地给美国其他三四个企业去搞晶体管开发。到了1956年，美国政府又决定将贝尔实验室搞这个行当的连人带技术统统赶出贝尔实验室，叫他们自己去创业、办公司。当时办得非常有名的公司叫仙童公司，现在赫赫有名的英特尔就是从仙童公司演变过来的。到了1958年，又发明了在硅平面上做集成电路。所以集成电路从1958年到现在，一共也就50

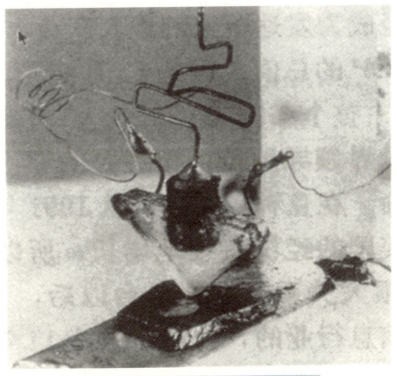

▲图1　贝尔实验室发明的第一个晶体管

信息科学技术集

多年的历史,但这是革命性的发明。

图2是在硅片上做的一个晶体管的示意图。图3是早期的中央处理器(CPU),大概是100万个晶体管,分成很多区,每一个区里有几万个、几十万个晶体管,搭成一个复杂的电路。集成电路生产的大致过程,首先是拉单晶,拉成硅锭,然后切片,切成一个一个圆片,现在是8英寸和12英寸大的圆片,然后在圆片上做集成电路,一个圆片上能做很多电路,每一个小方块就是一个电路。做完以后,一个一个小方块都要测试,测试完了以后把它划开,每一个手指甲那么大的小方块就是一个集成电路。图3是奔腾处理器,以及2005年说的64位的Itanium2(安腾2)。集成电路最主要的,也就是微电子最主要的指标就是加工线宽,表示你的工艺水平,做的线条的宽度现在已经到了纳米级了,这个线宽决定了集成

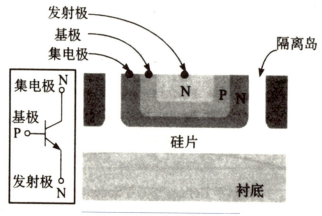

▲图2 硅芯片上的晶体管

信息技术与国家发展

▲图3　封装完毕后的芯片

度,决定了合格率,决定了成本。当然工艺类型也是很重要的。

微电子的发展从1958年到现在,已经经过了很多代。一开始在一个硅片上大概能够做几十个晶体管,也就做两个门(电路),叫做小规模集成;到后来就是几万个晶体管,叫中规模集成;再后来就是几十万个晶体管,叫大规模集成;再发展就是几十万、几百万个晶体管,叫做超大规模集成;现在,又到了几千万个晶体管以及上亿个晶体管,叫超超大规模集成。根据这四五十年发展的情况,有一个叫摩尔的人总结了一个规律:每18个月就翻一番。就是说每18个月,它的面积缩小一半,价格便宜一倍,而性能提高一倍。这个规律就是著名的摩尔定律,也就是4～5年,上一数量级。几十年间,集成电路的成本降低了大概1000万倍,而性能提高了大概1000万倍。

信息科学技术集

我们看看最近10年左右我们的电脑里最核心的一个芯片——CPU的发展。大家回忆一下英特尔公司的发展,在1995年的时候,最主流的、最好的芯片叫486,到1996年486就被淘汰了,用奔腾,到1997年,向多媒体扩充,到1998年叫奔腾二,到1999年叫奔三,到2000年叫奔四,到2001年就出了Itanium,是64位的了,到2003年、2004年,笔记本一年一换代,而到了2006年,开始出现一个芯片上2~4个核,就是双核的处理器。2007年9月英特尔就公布了四核的处理器,它叫做7300,大概是一两个星期后,AMD公司就推出了所谓的"巴塞罗那",即"皓龙四核"的处理器(图4)。

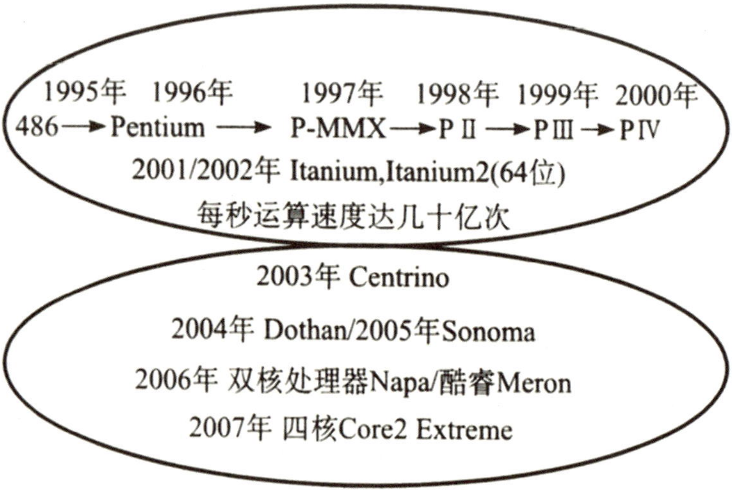

1995年　1996年　　1997年　　1998年　1999年　2000年
486 → Pentium → P-MMX → P Ⅱ → P Ⅲ → P Ⅳ
2001/2002年 Itanium,Itanium2(64位)
每秒运算速度达几十亿次

2003年 Centrino
2004年 Dothan/2005年 Sonoma
2006年 双核处理器Napa/酷睿Meron
2007年 四核Core2 Extreme

▲ 图4　英特尔公司CPU发展过程

当前工业化生产的大路货、低档货大概是12英寸0.18微米的,所谓0.18微米就是180纳米,1纳米是1/1000微米。在这样的芯片(手指甲大小)上可以做点什么东西呢?如果做存储器的话,是256兆位,兆就是百万,这是什么概念呢?就是1600万的汉字,也就是如果我们有一本100万字的很厚很厚的书,这样16本书都可以装在一个手指甲大小的芯片里头。做CPU的话,大概可以做3000万个晶体管的CPU。这种CPU就是早期的,大概奔腾这种水平。现在最新的都不能用0.18微米(工艺)来做,现在国外已经普及的是90纳米和65纳米,譬如,2005年英特尔生产的Itanimu2就是用65纳米做的,当时这个处理器是多少个晶体管呢?17亿个晶体管。2007年英特尔的目标就是做45纳米的处理器,工艺就要过渡到45个纳米,45个纳米能够做什么东西呢?最近英特尔展示了一个科研的样品,这个样品就是用45纳米做的,80个核,它的速度就是每秒计算1万亿次。

表1是美国半导体工业学会在2004年做的一个微电子发展的路线图,大家可以看到,2007年大概工业化的生产是65纳米,两年以后就会是50纳米,到了2012年就是35纳米,到了2018年大概是18纳米,所以根据美国半导体工业学会的预测,摩尔定律在未来10年还是有效的。那么,到了18纳米的微电子,在手指甲大小的芯片上可以做什么东西呢?可以形成140亿个晶体管,如果

信息科学技术集

用它来做存储器的话,可以做512GB,G就是百万,什么概念呢?如果装汉字的话,就是320亿个汉字,320亿个汉字是什么概念呢?大家知道乾隆皇帝做了一件好事,把从古到今中国所有古书编在一起,这一部书叫做《四库全书》。这套《四库全书》一共有49337卷,有8亿个汉字。这个书现在印出来摆着,可以把一屋子的书架都堆满,但是放到这个芯片里只占它的1/40。做微处理器的话,对性能大概可以提高几百倍,还可以提高,比现在水平还可以提高几百倍。

表1 微电子发展预测

年份	DRAM			Microprocessor				
	线宽/nm	面积/mm²	Bits/(G/cm²)	线宽/nm	面积/mm²	晶体管/(M/cm²)	主频/GHz	I/O
2004	90	383	1.12	90	310	553	4.171	3072
2005	80	568	1.51	80	310	697	5.2	3072
2007	65	662	2.59	65	310	1106	9.2	3072
2009	50	356	4.83	50	310	1756	12.4	3072
2012	35	353	9.73	42	310	3511	20	3072
2015	25	351	19.6	30	310	7022	33.4	3072
2018	18	292	47.1	21	310	14045	53.2	3072

到了18纳米以后,再往下发展会怎么样?估计微电

子还可以往前走,怎么走呢？就是用新的材料、新的结构、新的光刻手段、新的粒子掺杂手段、新的互联等,微电子工业还可以发展,微电子性能还可以得到提高。还有一个途径现在非常流行,系统芯片(system on a chip),就是说,这个芯片上不光是做处理器,还包括存储器等,把处理器、存储器及各种各样的东西都做在一起,在一个芯片上做一个系统,性能还可以提高很多,现在所有嵌入式系统都是这样的。还有就是把微机械也做到里头去,叫MEMS(micro electro mechanical systems,微电子机械系统)技术,就是除了微电子以外把机械的也做进去。还有人把光学系统也做进去。但是,到了10个纳米左右,在一个套隔区间里头,分子数、原子数大概只有几十个到几百个,这个时候宏观物理已经失效了,但是还没有到微观的程度,也就是说还没有微观到单分子、单原子的程度。所以到了这时候,就出现了一个介于宏观和微观之间的状态,物理学家把这一段叫介观物理,或者叫纳米技术。很多事情要用介观物理的研究来解释,到现在都解释不了,所以传统微电子大概到了18纳米、15纳米、12纳米,基本上做到了尽头,就是走到了终点。图5是一个微电子、微机械做的小的硬盘,这个硬盘也就是一元钱的硬币大小,现在这样的磁盘的容量已经做到了30GB,所以现在数码摄像机、MP4都装了这个东西。美国人还搞了沙粒计算机,就是手心上1毫米见方的,像

▲ 图5　硬币大小的硬盘

沙子一样的东西。这个沙子大小1毫米见方的东西里有传感器、电源、处理器,有上网的,就有网络发送器、接收器等,都在里头。但它现在在使用方面有一个问题没有解决,即它的电池只能工作一两个小时。

所以,微电子的发展引领了数字革命。我国2006年一年用掉大概1200亿个集成块。现在可以说各个领域到处都是集成电路。譬如钟表,以前是机械表,现在没人用了,全是芯片的数字表。通信、电话过去都是模拟电话,现在全部是数字电话、程控电话,发展得很快。

2007年,我国固定电话和移动电话加起来已经有8.8亿部,我们过去听音乐、看录像都用磁带,大磁带、小磁带,现在都没有了,全部是盘,都是数字的。

现在企业的各种产品里都有芯片。不久前我在长沙三一重工做了一个66米高的送混凝土的泵车,创造了吉尼斯世界纪录,里头很多都是电脑控制的。现在一个高级轿车、豪华轿车里头大概有100多个计算机,不光发动机、刹车,甚至雨刷、反光镜、坐垫全部是电脑控制,一辆普通桑塔纳里大概也有20个电脑。像钢琴,一般都很重,每年还要请调音师来调音,还要防止木头被蛀坏了,但是电子钢琴不一样,不光手感、声音跟钢琴一样,而且还可以有各种电子音乐伴奏,花样很多。工厂的产品设计都用电子图纸,生产过程计算机数字控制、管理,不管是财务、人事还是物流,做生意全部数字化,而且数字化革命发展非常迅猛。如照明,现在节能是一个大问题,新一代节能,就是半导体照明,现在蓝光、黄光都能做出来,但是白光还在攻关,未来半导体照明将是一个巨大的产业。照相机方面,全世界每年数码相机销售量已经到了1亿台,基本上3/4都是数码的,只有很专业的、个别的还用胶卷。广播、调频调幅、短波,这一套东西恐怕很快就要被淘汰了,现在英国已经有300个数字广播电台,北京奥运会期间大概已经开通了12个频道。电视方面,美国和芬兰模拟电视已经出局了,我们国家规划到2015

年普及数字电视。当前这个普及推广阻力比较大,数字的价格上涨很多,老百姓感到实惠不多,而且家里每一台电视机都要收一份钱,那人家受不了。电影方面,2005年全世界数字电影的标准确定之后,发展非常快,美国现在已经有5000家数字电影院,印度有2500家,我们国家大概有几百家,胶卷就变成拷片了。还有通信,将来都是数字化。出版是数字化,比如,我们中国科学院,所有的出版物过去占去了好几个书架,但是刻成光盘,只用5个光盘,所有东西都在里面了。地图方面,现在都是数字地图,我国花了7个亿搞了8年,现在也搞成了一个1:50000的地图库。图书馆是信息最多的地方,都数字化了。身份证也是数字化。电子钱包将会很快普及,现在坐公交用卡都没有问题了,拿卡去买菜,到零售店里去买东西,估计很快能实现,因为这是off line,就是脱机的。还有数字人,我们重庆第三军医大学,一个男尸、一个女尸,关键部位0.1毫米就切一片拍照,不是关键的地方1毫米切一片拍照,然后在计算机里合成一个数字人,一个人大概100GB。用它可以让学生在电脑上练习开刀,研究人体的结构。研制药的就可以把生理模型和药理模型输入进去实验药的效果,等等。以至于一个城市,甚至整个地球所有信息都要数字化,所以有人说"digit, digit, everything digit",就是说,所有的事情都在数字化,都在芯片化。图6是一个汽车的电脑的示意

信息技术与国家发展

图。图7显示人体里装了好多芯片,比如说耳朵听不见,眼睛不好,心脏不好,都可以放芯片在里头。现在微电子技术已经用到生命科学中了,在做基因芯片、进行生命科学研究方面起了很大的作用。

二、计算机技术

18世纪,德国数学家莱布尼茨发明了二进制,他自己承认这是受我们中国老子的八卦图的影响而发明的。到了20世纪,英国的图灵提出了图灵机模型,这是一个数学模型。1945年,冯·诺依曼提出了一个结构模型,叫冯·诺依曼结构模型。这两个数学家提出的模型为计算机的诞生奠定了科学或者说理论基础。因此,1946年第一台电子数字计算机就诞生了,一直到现在我们的计算机变得那么复杂,还是图灵机和冯·诺依曼结构。ENIAC计算机是当时美国也是世界上第一台计算机,大概用了18000个电子管,占地面积170平方米,当时其计算速度每秒钟只有5000次。它的电子管很不可靠,所以每天上班第一件事情就是推个小车把快要坏的电子管换成新的,然后才能够保证这一天顺顺利利地工作。60多年来,已经从电子管变成晶体管,变成集成电路、大规模集成电路。现在,到了第五代,所有的计算机都基于高性能的微处理器,而软件的发展已经到了net-

信息科学技术集

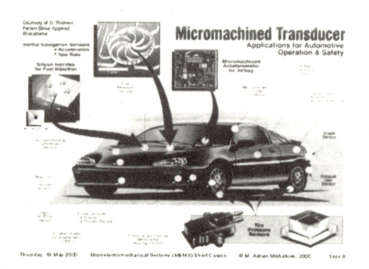

▲图6　微电子智能汽车

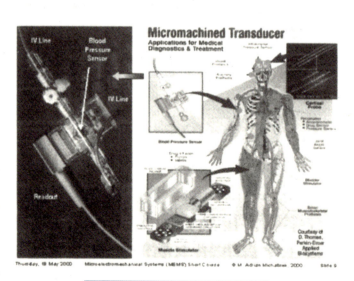

▲图7　人体内部植入传感谢器

work computing，就是网络计算的时代。计算机总的类型现在基本上是四种：第一种是嵌入式，我们手机里的、汽车里的、机床里的都是嵌入式；第二种就是我们用的大量的个人计算机；第三种是在网上提供各种服务的，如邮件服务、视频服务、浏览服务等，就是服务器，是大型机；第四种是专门面向科学计算定制的、定做的一些超级计算机，是最尖端的。

计算机的能力，经过60多年来的发展，大概提高了多少倍？这个数字是很惊人的，是200亿倍。最初的计算机，计算能力只有每秒计算几千次，第一台只有每秒5000次。现在有的计算机已经是每秒280万亿次。由于计算能力增加很多，应用的深度和广度也发生深刻变化，现在大家用的电脑，台式机、笔记本，大概都是每秒运算几十亿次。1992年，我们研制的银河亿次机，每秒计算1亿次。当时的银河机，我们费了好大劲儿，苦干了5年，它的存储器才多少呢？我可以告诉大家，才16MB，占了3个大机柜，现在我们的笔记本，如果你是新买的话，都是1GB，是当时我们银河亿次机的64倍。

现在的计算机实际上都不在搞计算，真正搞计算的已很少了，所以叫计算机实际上很不合适，中国香港和台湾叫电脑，实际上也不合适，为什么呢？计算机和人脑比还是差很远的。大量的计算机都在搞控制、管理、娱乐。所谓现代的巨型机，就是1万亿次以上的大规模并行计算机。世界上第一台1万亿次计算机，就是英特

信息科学技术集

尔在1997年做的"红色"计算机,叫"Red",速度1.8万亿次。第二年,IBM和SGI都推出了3万亿次的计算机。到了2000年,IBM推出一个叫"White"(白色)的计算机,第一次超过了10万亿次,是12.5万亿次。当年我们的银河亿次机是1万亿次,我们落后他们一个台阶。两年以后,日本人很厉害,完全是自主创新,处理器完全是自己设计的,用5000多个处理器研制出"地球模拟器",达到了35万亿次的运算速度,夺取了世界冠军的地位。美国人大概花了两年的时间,到了2004年推出"哥伦比亚",达到51.8万亿次,才把日本人的"地球模拟器"比下去。2007年6月底的排名,"哥伦比亚"大概是占第13位,"地球模拟器"占第20位。排第1位的是谁呢?是2005年IBM推出的Blue Gene,大概13万个处理器堆起来,这个处理器不是一般的处理器,是他们自己生产设计出来的。图8展示了美日巨型机的发展历程。

●英特尔Red	1997年	1.8万亿次/秒
●IBM Bluc、SGI CRI	1998年	3万亿次/秒
●IBM Writc	2000年	12.5万亿次/秒
●NEC 地球模拟器	2002年	35万亿次/秒
●SGI 哥伦比亚	2004年	51.8万亿次/秒
●IBM Bluc Cene	2005年	280.6万亿次/秒

▲图8 美日巨型机发展历程

信息技术与国家发展

关于计算机的发展,开始都是单机应用,后来大型机放在计算中心,终端在办公室里面用。20世纪80年代发明PC机,这是一件了不起的事情,到了90年代就普及了,这是第一次普及计算机。计算机过去都是专家在用,现在什么人都可以用,老头、老太太、小孩都可以用,而且送到了家家户户每一个人的手上。到了90年代,出现了网络计算,这件事情应归功于美国的克林顿。就是说,互联网实际上在1978年就被美国的军方研制成功了,叫做"ARPAnet",一直在美国的知识界、政府、军队小范围里用。到了1994年,克林顿决定要把这个技术公开,提出一个国家信息基础设施(National Information Infrastructure,NII)计划,我们通常叫做"信息高速公路计划"。这个计划一推出,全世界所有国家都紧跟了,很快互联网在全世界就普及了。互联网实际上是一个网际网,它是各种各样的局域网,按照一定的协议联系起来,所以完全是无序的,但是是有机的,所以叫做"Internet"(图9)。发展到现在,全世界大概在网上的计算机已经有2亿~3亿台,网民大概超过10亿人,已经在网上构成一个新的世界,就是网络新世界。我国这方面发展非常快,在1994年的时候,全国只有一个地方可以上网,就是北京的中国科学院高能物理研究所,通过杨振宁、李政道帮助,通过电话线联到欧洲核能研究所,通过欧洲再联到美国的互联网上,可以发个邮件,看看简单的新闻,

信息科学技术集

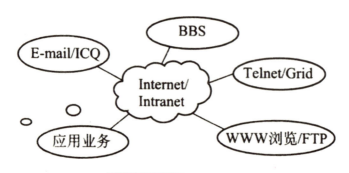

▲图9 信息高速公路

全国就这么一个点。四年以后，到了1998年，我们的网民就有117万人。到2007年6月底我们的网民是1.62亿人，已经仅次于美国，排名世界第二。由于我们有13亿人口，如果电信费再降低一点，我们发展得会更快。

在互联网上，10多亿网民可以非常自由地交流信息，交换意见，协同工作，信息共享，把世界变得很小，所以现在地球就成了一个村，叫做"地球村"，确实是这样的。在网上搞通信，E-mail大概每天就是600亿封，还有网上聊天，在网上讨论各种问题。在网上通过门户网站、搜索引擎工具，可以了解各种信息。现在每天全世界增加的网页大概有200万个。在网上可以协同工作，美国做了一件事情，就是在网上把10万台PC协同一起工作，连续工作22个小时，把56位商用的DES密码破掉了，所以现在DES商用码都在128位以上。

另外，网上可以开展各种各样的应用服务，可以在网上订票、出版，网上各种专业的服务发展得非常快。网上新闻广泛快速，最惊人的一件事情就是1999年联邦检察官斯塔尔调查克林顿性丑闻。调查完了以后报告首先在网上公布。那天455页的调查报告在网上一公布，全世界就有约有2479万人去看，这一下新闻媒体震动了。为什么？电视、报纸都比不过它，电视广播，你念到哪儿，人家听到哪儿，你念的人家不感兴趣；报纸要晚几个小时出来，最多出一个摘要。所以网上新闻作为第四大媒体被承认，由此网上广告费也大规模增加，第一家网上银行是美国的一个很有创意的人于1995年创办的，他在网上开了一个银行，名字很绝，叫做"SFNB"（Security First Network Bank），完全第一网络银行。这个银行一年365天每天24小时为大家服务，它的成本非常低。美国的所有银行，大家都一周只工作5天，每天只工作几个小时。开这种网上银行，安全成不成问题？现在证明安全没有问题。现在这个银行被加拿大银行收购了。我们国家是在1998年由招商银行第一次开通网上银行。现在全世界包括我们中国所有的银行都在开展网上的业务，大概全世界1/3的业务都在网上支付。还有网上通信。现在全世界打电话，大概45%都是IP电话，都是通过互联网走的，非常便宜。我最近去了次澳大利亚，对此深有体会，长途电话打出来简直就像不要钱一样。网上教育方面，美国大概有40%高校的1/3的

信息科学技术集

学生都通过网上学习。网上医疗使偏远的山区都可以得到最好的医疗。网上开会可以通过虚拟现实省很多钱。网上办公方面，我们国家SARS流行的时候，大家都在家里办公，发展得也非常快。网上娱乐发展得就更快了，2004年的时候全国网络游戏大概盈利是35亿元。35亿元是什么概念？800万人从大年初一一直玩到年三十晚上，不吃饭不睡觉地玩。所以很多青少年沉迷于它。2006年全国已经有8000多家搞网络游戏的公司，赚了81亿元。2007年盛大第一季度就赚了4.88亿元，一个季度就赚了将近5亿元。当然网上娱乐不光是游戏，还有网络电视，IPTV的发展也很快。1997年克林顿提出全球电子商务（global electronic commerce，GEC），就是在全世界开展网上商务，不要关税，这样一个自由贸易的网上商城使得每一个公司，都可以向全世界服务，每一个老百姓，哪怕你住在一个很偏僻的农村里，也可以得到全世界所有的公司的服务。从1997年到现在电子商务发展得非常快。2006年美国个人客户网上采购额大概达到了1021亿美元。我们国家2006年，光是一个淘宝网就有3500万注册用户，一年就是169亿元人民币，相当于开了全国连锁大超市。

　　大家已经看到了一个网络世界，看到了信息化社会的雏形。但是事情的发展没有到此结束，这仅仅是一个初级阶段。最近所谓的WEB2.0发展非常热门，我刚才讲的都是公众用网,即网站专门有公司提供各种各样的服务,大家去享受这种服务,现在已经发展到了公众建网,即每一个人都可以是网络主人,每一个人都可以在网上自己发布消息、发表文章、发表评论、建一个网站。最典型的就是博客,现在全世界博客注册用户,大概是7000万人,在我国发展得非常快,2007年大概数量是2080万人,其中比较活跃的,就是经常有新的东西发表的也达到300多万人,发展得非常快。最近美国有三个网站非常轰动,一个是YouTube,YouTube大概就是三四个年轻人搞了一年半,把视频拿来共享,让大家将拍的数字相片来共享,这个网站在一年半的时间里就成了美国的第二大网站,最后被谷歌用16亿美元收购了,所以它的创始人用一年半的时间就成了千万美元的大富翁。第二个就是MySpace,就是社交网,也是WEB2.0,这个网络也是搞了不到两年成了第三大网站,最后被一个传媒集团用5亿美元收购了。第三个是哈佛大学的一个本科生搞了一个社交网Facebook,介绍自己,大家把自己的材料放到网上,相互介绍,然后有某一方面兴趣的人可以自由结合。这个网站短短几个月引起了轰动,一度每个月新增的注册用户是400万人,包括美国、英国,全部轰动了。

网络的发展现在有一个非常大的变化,就是由有线网向无线网发展。一个是手机网蜂窝网,另一个是无线

信息科学技术集

局域网和无线城域网。美国有一个公司投30亿元在全美搞无线城域网,它的作用距离是50公里。我相信无线宽带网的发展将来一定会非常有前景,所以将来发展无处不在的网络,就要靠无线网络。现在日本和韩国跟得最紧,它们已经提出要建设U—Japan和U—Korea,就是无处不在的网络。

后微电子时代,计算机再怎么发展呢?现在提出了很多新概念,比如说量子计算机、光计算机、生物计算机等。量子、光计算机现在概念上已经有了,小模型也可以做了。但是所有这些新概念计算机还是比较遥远的事情,目前还是属于概念的基础研究阶段,要打败微电子计算机,我估计还有很长的路,有没有可能还要看发展。

三、数字通信技术

以1970年程控交换器的发明和1977年商用光纤通信的投入使用作为标志,通信由模拟变成数字。通信信息传输骨干网现在毫无疑问都是光纤,用的技术叫密集波分复用技术,现代已可商用的一根光纤可以传一个TB,T就是万亿。一个TB是什么概念呢?如果是打语音电话的话,就是1000万个用户可以同时在这根光纤上打电话。在实验室里已经到了10TB,也就是一根光纤上可以有1亿个用户同时打电话,所以光纤传输骨干网带宽是足够的。2007年,我们国家铺的光纤大概已有400万公里,北京到广州有十几根光缆,大概有500~600芯,每一个芯可以使1亿个用户同时打电话,大家想想肯定用不完,所以真正利用率大概也就是百分之十几。问题在哪儿呢?问题就是交换,全光的交换非常困难,科技界攻关了很多年,现在还是攻关的重点,没有突破性的进展。另外,就是最后一公里,光纤如果到每个人手上,第一是不方便,不像无线那么方便,第二成本太高,最后一公里是大问题。怎么办呢?现有途径是老三样,有三样最普遍的:一是电话线,就是XDSL,我们中国大量用户家里都用电话线。二是同轴电缆,就是有线电视网,有线电视同轴电缆美国、加拿大用得多。三是以太网,就是长城宽带,企业单位都用这个。

未来发展最快的就是无线网。刚才已经讲了,无线局域网和无线城域网发展非常快,有人认为无限城域网可能成为第四代无线通信技术。蜂窝网现在是一代半的GRPS和CDMA,我们现在正在搞3G,我们国家自己搞标准的TDS-CDMA,现在进展比较快,但是还不是很好,这两个我认为将来的发展是非常有前途的。还有人提出电力线,到处都有电源插头。还有人提出光纤到家,日本就是光纤到家,现在日本大概有3500万户家庭是用光纤。如果成本低的话,这个绝对是最好的。

由于历史的原因,信息网大概有三个,计算机网(互联网)、电话网、有线电视网。这三个网是独立运行、独立工作的,这是非常不科学的,未来的发展一定是融合。我们国家的计算机网有1.62亿个用户,为全世界第二的规模;电话网用户是8亿个,其中手机5亿多个,是全世界规模最大的;有线电视网是1.15亿家庭,已经占到全国3.7亿家庭的相当大的比例,全世界第一(2007年数据)。这三个网要融合,但怎么融合?应基于数字化,是基于IP的统一融合,这个已经有共识了。

网络要融合,终端也得融合,现在电脑可以看电视,电视机也可以上网。最有前途的就是智能手机,手机现在不仅可以打电话、发短信、玩游戏、照相、听歌,还可以看电视,等等,所以手机将来是人手一部。有了手机就离不开手机,所有的事情都在手机上进行,包括电子钱包,将来不会用卡,也是用手机。现在韩国发展得非常快,就是用手机支付,不用刷卡。

关于新一代的网说法很多,美国人搞Internet2就是IPV6。我们国家的"863计划"、国家自然科学基金委员会、科学技术部、教育部等都支持。我认为,新一代的网,不是量变,应该是质变。2005年2月,美国总统信息系统顾问委员会给布什写了一份报告,报告名字叫做"空间信息网基础设施的安全问题是迫在眉睫的威胁"。但是互联网当初是由ARPANet发展起来的,研究

信息技术与国家发展

网络的时候根本没有想到会有黑客,搞病毒。所以现在的网从根本上说是不安全的,现在解决的办法都是堵,堵漏洞,堵恶意攻击,堵来堵去堵不住。所以报告建议美国要从基础做起,重新架构网络,现在美国投入很多钱正在搞这样一个计划,这非常值得关注。

将来的通信的发展一定是数字、语务和视频的统一,做到任何地方、任何时候、任何方式都可以得到无缝的服务,而且有统一的个人标志。现在每个人发一个名片,又是固定电话,又是手机,又是E-mail地址,将来一个标志就可以了。一定要解决安全问题。信息化社会的发展将来一定会促进信息的极大丰富,信息的充分利用。信息会无处不在。

建成信息化社会,还要多少年呢?也许还要50年。第一次技术革命大约150年,第二次技术革命大约150年,信息化革命大约多长时间呢?现在才60多年的时间,我估计要100~150年。下一次技术革命是什么呢?科学家比较一致地认为,下一次的技术革命是生命科学,大概21世纪的后一半就进入第四次技术革命——生命科学的革命。

四、我国的发展情况

下面我们就来看看我国的发展。我们国家在近代史上一直是非常贫穷落后的,新中国成立以后有很大的发展。但是我们国家现在处于什么位置呢?工业化没有完成,信息化正在发展,所以到底是先搞工业化还是先搞信息化在科学界曾经有争论,而且引起了很大的争论,在政府中也引起很大的争论。争论到最后,当时的总书记江泽民总结说,我们应该是信息化推动工业化,工业化促进信息化,是工业化和信息化的复合发展,是要建设新型工业化的国家。这符合客观规律,也符合我们国家的实际,现在我们就是面对这样一个使命。改革开放以后,我们国家这方面的发展是非常惊人的。在1978年的时候我们的GDP只有3624亿元,2006年我们的GDP是20.94万亿元,也就是说,这期间我们的经济增长了约57倍,这个绝对是全世界的奇迹。

但是我们的发展很不平衡,我们人均GDP在全世界的排名非常落后。我们从总量看制造业发展依赖于廉价劳动力,所以发展起来的东西很多都是高耗能、高耗资源的。所以我们每万亿的GDP的能源损耗是全世界平均水平的数倍。另外,环境破坏得很厉害。资源消耗、环境破坏,付出了很大代价,我们没有核心技术,都是赚一些加工钱，所以利润非常低，比如信息行业，我们2006年的平均利润只有3.8%，而英特尔、三星的利润是30%~50%，我们生产的很多电脑、DVD，利润的大头全在国外，我们占了很小的部分。所以在2006年，国家意识到这样发展下去是不行的，我们要研究科学发展观，要研究可持续的发展，要进行结构调整，提出来要建和谐社会。因为我们地区发展不平衡，中西部比沿海落后很多，特别是农村，大量的务工劳动者一个月只有几百元钱的收入，所以必须要解决以上问题。要建设社会主义新农村，要振兴中部，西部要大发展，东北老工业基地要振兴，等等。要解决民生问题，现在突出的是教育、医疗、就业等问题。

我们国家过去对科技重要性的认识，从"科技是第一生产力"到"科教兴国"，到2006年提出建创新型国家，提出到2020年要成为一个创新型的国家，到2050年要建成一个创新强国，并提出建四个创新体系、三个创新途径。要建设创新型国家，信息技术、信息化的建设、信息产业都是关键。我们的军队建设更明确了，未来的战争就是信息化战争。我们制定的中长期规划，有11个重点领域，8个前沿技术，16个重大专项，还有基础研究，可以说处处都离不开信息技术。对于信息化，国家领导人非常重视，国家专门成立信息化工作领导小组。2000年发布的18号文件鼓励软件和集成电路产业的发展收到了很大效果，2002年又发布47号文件，要加强软件产业的协调发展，软件产业这几年的发展是超常规的，是高于信息产业的平均水平的发展。

尽管我们与国外差距还很大，但是我们有后发优势。我们的优势在哪儿呢？一是我们有巨大的经济总量。我们的经济实力很强，巨大的市场为我们的发展提供了很好的条件。二是我们有丰富的人力资源。我想这个人力资源不光是廉价劳动力、农民工，也包括我们的科技人员。不过虽然有庞大的队伍，但是我们的创新竞争力在全世界排名却很靠后，我们整个科技队伍创新水平是不太高的。我认为我们在机制上、人才培养上必须要改革，对学生培养必须要以能力为主，而不是以知识灌输为主。我们要从小学生开始就培养其创新力、敢想敢做的精神，而不能总想着应付考试，以应试为主，如果是以应试为主，答卷是拿了高分，但永远不能成为创新强国。所以我们的发展是很有潜力的，我们一定要有所为，有所不为，要走自己的创新道路。我想到了今天，像我们这一代人，"文化大革命"以前毕业的，现在基本上已经完成历史使命了。2020年创新型国家建设靠谁？就靠年轻一代的人，这些20世纪70年代、80年代乃至90年代出生的人现在都开始崭露头角，2050年的创新强国更是要靠年轻一代去努力、去创造。我相信，我们国家一定能够成为一个强国。

编辑说明

这套书中的个别报告曾经在其他场合讲过,或曾经在其他刊物发表,为了保持报告完整性并加以更广泛的科普宣传,仍将其收入书中。为了统一风格,所附参考文献不再列出,敬请谅解。

书中所配插图主要系编辑所加,其中大部分取得了版权所有者的授权。由于时间紧急,个别图片尚未联系到版权人,敬请图片作者与北京大学出版社联系。联系电话(010)62767857。